China MEMORY Championships
CHINA MEMORY SPORTS COUNCIL
www.chinamemorysportscouncil.com
Wits 慧志
witsbooks.com
U0416598

世界记忆运动理事会官方记忆认证体系

“世界记忆运动理事会官方记忆认证体系”(WMSC Licensed Certification)是由总部位于英国的世界记忆运动理事会(“WMSC”, World Memory Sports Council)基于多年的集记忆力、速读力、思维导图、创意思维和智商于一体的全脑思维科研成果而推出的技能认证项目与培训体系，此项目是由1991年共同创立“世界记忆锦标赛”的东尼·博赞和雷蒙德·基恩在英国首次发起的。

一、世界记忆运动理事会认证委员会成员

Tony Buzan, President of Brain Trust, Inventor of Mind Maps.

(东尼·博赞，英国大脑基金会主席，思维导图之父)

Ray Keene OBE, President of World Memory Sports Council

(雷蒙德·基恩，世界记忆运动理事会主席)

Prof Michael Crawford, Professor of Imperial College London

(迈克尔·克劳福德，伦敦帝国理工学院教授)

David Taylor, Master of the Guild of Educators

(大卫·泰勒，英国教育协会主席)

Dr Anthony Seldon, Master of Wellington College

(安东尼·赛尔登博士，威灵顿公学前校长)

二、世界记忆运动理事会官方记忆认证体系的认证项目

WMSC 官方记忆大师认证　　WMSC 官方记忆教练认证　　WMSC 官方记忆裁判认证

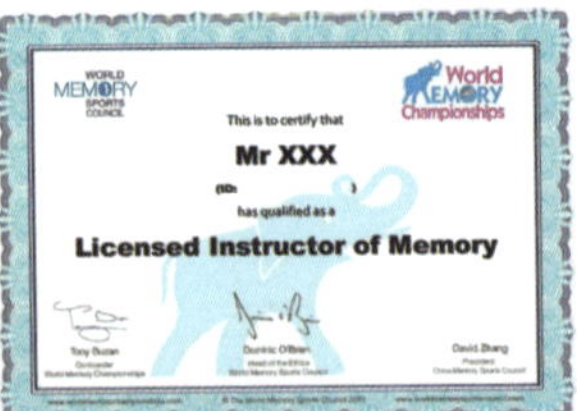

(上图分别为记忆大师证书、记忆教练证书、记忆裁判证书，以实物为准，仅供参考)

世界记忆运动理事会官方记忆认证课程

八次世界记忆锦标赛总冠军、吉尼斯世界记忆纪录保持者多米尼克·奥布莱恩

为更好地推广脑力运动，普及最科学有效的记忆方法，世界记忆运动理事会2015年授权广州世脑教育(www.brain520.com)，在中国地区总代理WMSC官方记忆认证课程。

学员完成学业，经考核合格后即可获得世界记忆运动理事会颁发的权威记忆技能认证证书。证书由世界记忆运动理事会道德委员会主席多米尼克·奥布莱恩签名，并有WMSC认证钢印。获得认证的学员的基本信息将在世界记忆运动理事会中国官网上公布。

东尼·博赞思维导图系列
（全彩精装典藏版）

思维导图

[英] 东尼·博赞　巴利·博赞/著

卜煜婷 / 译

化学工业出版社

·北京·

图书在版编目（CIP）数据

思维导图 / ［英］东尼·博赞（Buzan，T.），巴利·博赞（Buzan，B.）著；卜煜婷译．—北京：化学工业出版社，2015.1（2016.4重印）
（东尼·博赞思维导图系列）
书名原文：The Mind Map Book
ISBN 978-7-122-22216-9

Ⅰ．①思… Ⅱ．①博… ②博… ③卜… Ⅲ．①思维方法 Ⅳ．① B804

中国版本图书馆 CIP 数据核字（2014）第 252817 号

The Mind Map Book: Unlock Your Creativity,Boost Your Memory, Change Your Life/by Tony Buzan

Last published in UK by BBC Pearsons
ISBN: 978-1-406647167

北京市版权局著作权合同登记号：01-2012-8686

责任编辑：王冬军 裴 蕾　　策　　划：上海慧志文化（www.witsbooks.com）
责任校对：王 静　　装帧设计：水玉银文化

出版发行：化学工业出版社（北京市东城区青年湖南街 13 号　邮政编码 100011）
印　　装：北京画中画印刷有限公司

880 mm×1230 mm　1/32　印张 8¼　字数 226 千字

2016 年 4 月北京第 1 版第 9 次印刷

购书咨询：010-64518888（传真：010-64519686）
售后服务：010-64518899
网址：http://www.cip.com.cn
凡购买本书，如有缺损质量问题，本社销售中心负责调换。

定价：49.80 元　　

使用东尼·博赞的学习工具和方法的公司和机构有：IBM、通用汽车、汇丰银行、甲骨文、麦克拉伦车队技术中心、英国石油、英国电信、BBC电视台、微软、迪士尼、强生、惠普、摩根大通、3M、波音公司、施乐、高盛、伦敦警察厅、巴克莱银行、大英百科全书、科威特石油公司等。

聘请东尼·博赞为客座教授的大学有：牛津大学、剑桥大学、哈佛大学、加利福尼亚大学伯克利分校、斯坦福大学、英国哥伦比亚大学、伦敦大学、苏塞克斯大学、华威大学、曼彻斯特大学、达拉谟大学、利物浦大学、都柏林三一学院、都柏林大学、爱丁堡大学、斯特拉斯克莱德大学、格拉斯哥大学、加的夫大学、西澳大利亚大学等。

图A　雷蒙德·基恩（Raymond Keene，国际象棋大师）为记忆与创造力公式所画的思维导图

我们将此书献给那些在当今的智力时代、头脑世纪和思维新千年为了人类智力的扩展和自由而奋斗的思维勇士们。

——东尼·博赞

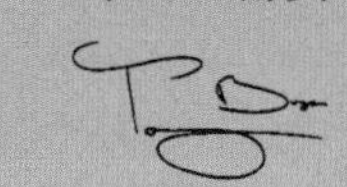

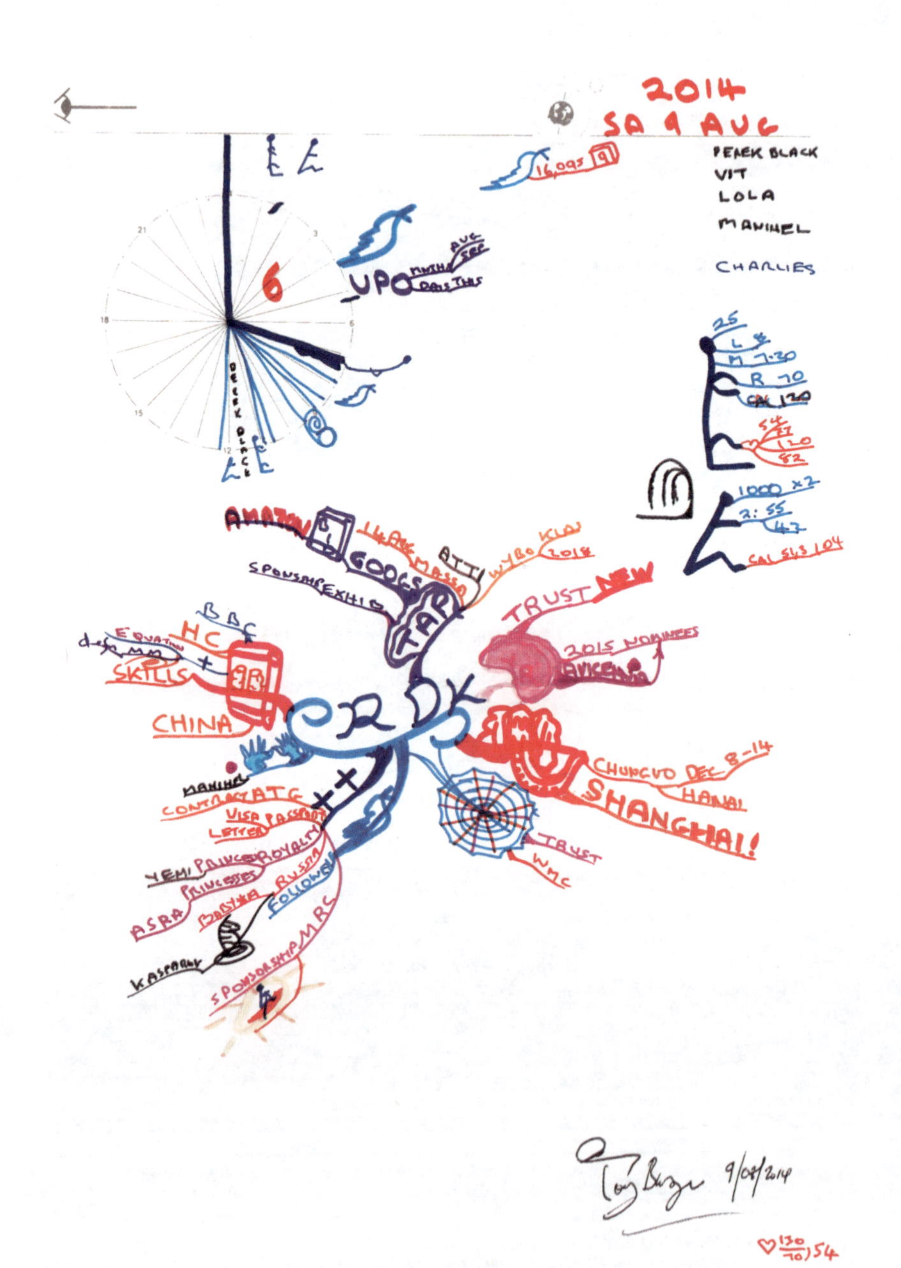

图B　东尼·博赞为2014年8月9日的工作日程安排手绘的思维导图

LETTER FROM TONY BUZAN

INVENTOR OF MIND MAPS

The new edition of my Mind Set books and my Biography, written by Grandmaster Ray Keene OBE will be published simultaneously this year in China. This is an historical moment in the advance of global Mental Literacy , marked by the simultaneous release of the new edition of Mind Set and my biography to millions of Chinese readers. Hopefully, this simultaneous release will create a sensation in China.

The future of the planet will to a significant extent be decided by China, with its immense population and its hunger for learning. I am proud to play a key role in the expansion of Mental Literacy in China, with the help of my good friend and publisher David Zhang, who has taken the leading role in bringing my teachings to the Chinese audience.

The building blocks of my teaching are Memory power, Speed Reading, Creativity and the raising of the multiple intelligence quotients, based on my technique of Mind Maps . Combined these elements will lead to the unlocking of the potential for genius that resides in you and every one of us.

TONY BUZAN

MARLOW UK 5/07/2013

东尼·博赞为新版“思维导图系列”

致中文读者的亲笔信译文

今年，新版“思维导图系列”和雷蒙德·基恩为我撰写的传记将在中国出版发行，数百万的中国读者将开始接触并了解思维潜能开发的相关知识和应用。这无疑是一个具有历史意义的重要时刻——它预示着我们将步入全球思维教育开发的时代。我希望它们能在中国引起巨大的反响。

中国有着众多的人口和强烈的求知欲，很大程度上将决定世界的未来。我很自豪，在我的好朋友、出版人张陆武先生的帮助下，我在中国的思维教育中发挥了一些关键的作用。我非常感谢他，是他把我的思维教育带给了中国的大众。

我的思维教育是建立在思维导图技能基础上的多种理念的集合，包括记忆力、快速阅读、创造力和多元智商的提升等。如果把这些元素结合起来，那么我们就能发掘自身的天才潜能。

东尼·博赞
2013年7月5日

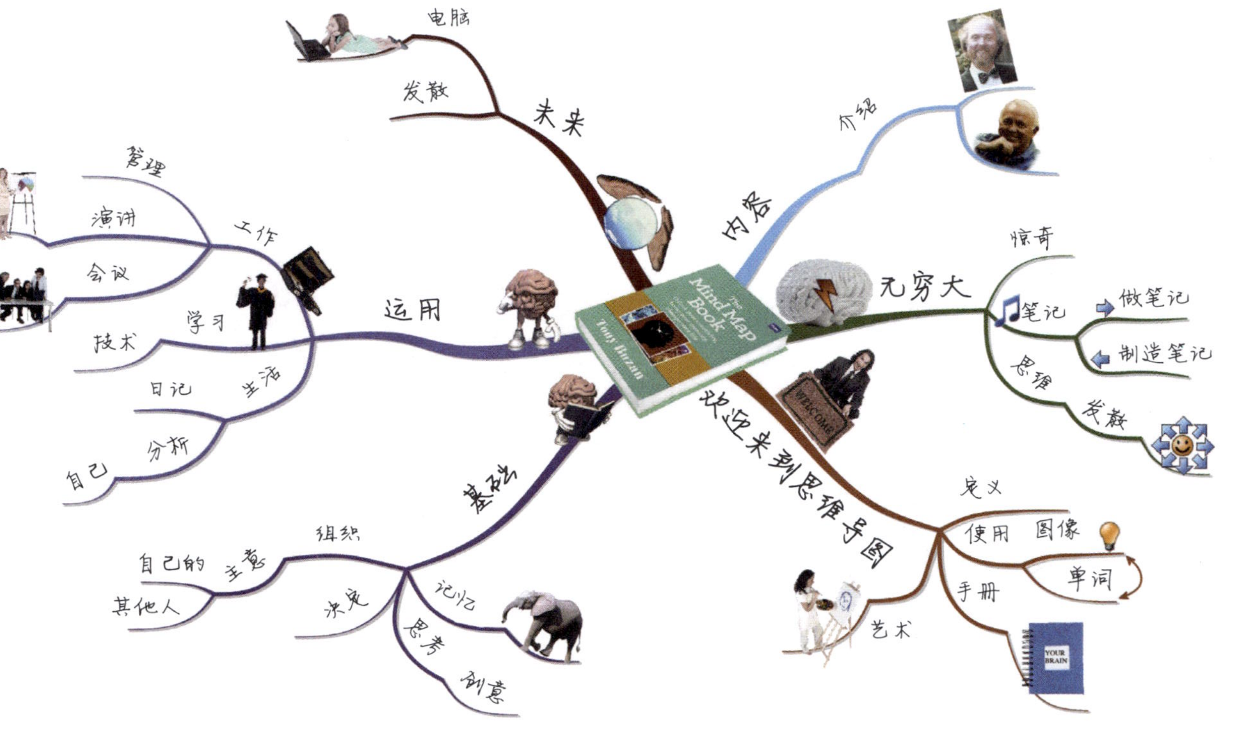

图C 东尼·博赞为《思维导图》制作的思维导图概览

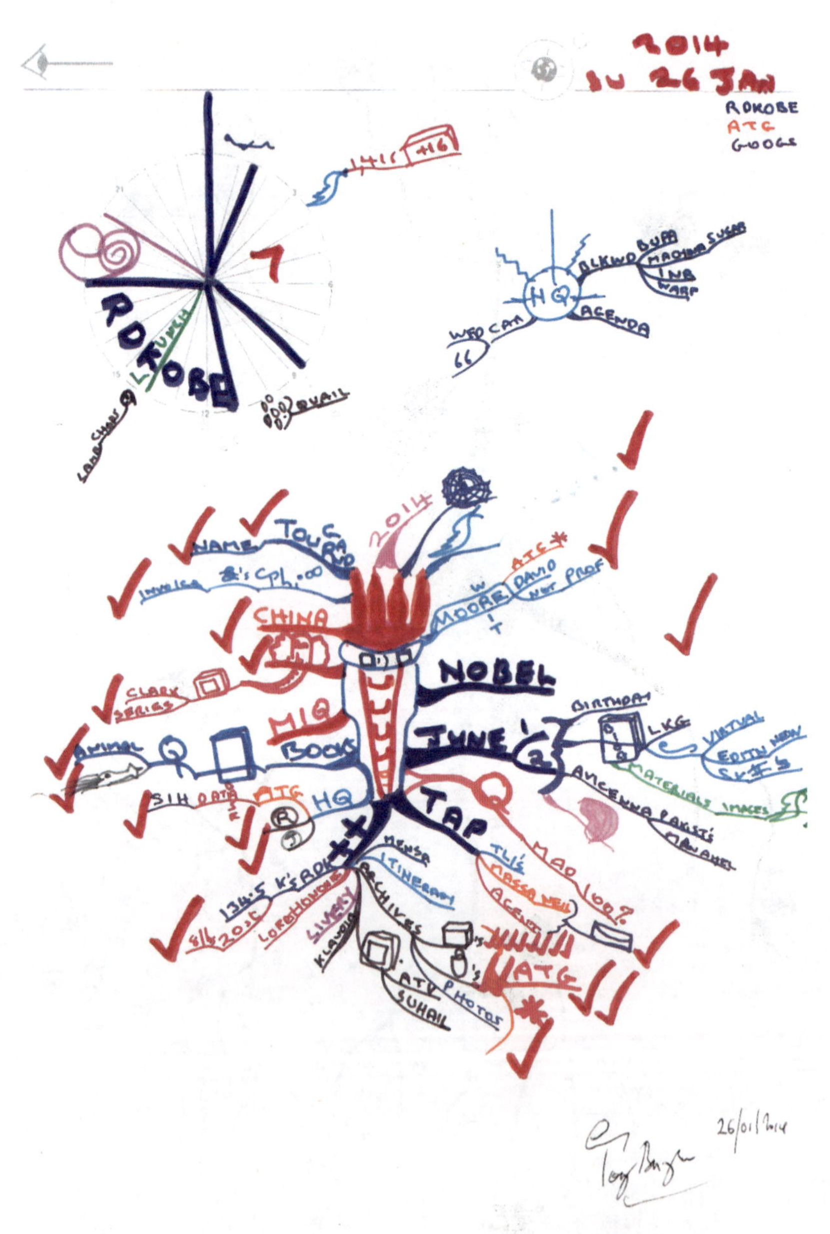

图D　东尼·博赞为 2014 年 1 月 26 日的工作日程安排手绘的思维导图

目
录
THE
MIND
MAP
BOOK

第三部分 思维导图的基本应用

第四部分 思维导图在学习、生活和工作领域的高级应用

第五部分 思维导图与未来

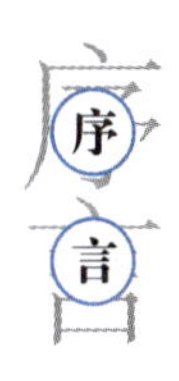

序言

THE MIND MAP BOOK

物理学家尼尔斯·玻尔曾经批评学生，“你不是在思考，而只是有逻辑而已”。因此，我想逻辑并非评估我们思维潜能的标准。大脑实际上有别于一台有逻辑的电脑。

在21世纪，对大脑的正确认识比以往更显重要。我们比以往活得时间更长也更健康，但有时候会忘记，如果不能使头脑健全，活得更长更健康是没有意义的。健全头脑意味着我们的大脑能够活跃运转——有记忆力，高效思考和富于创意——最终实现个人潜能，而这在不久之前曾受制于出身和身体健康的不同；这样我们就可以摆脱某种宿命，从而开创新的人生。

现在我们可以思考一些重大问题，“我该做些什么来改变我的人生？”“这些都有怎样的意义？”我想大脑思维研究的兴起，不仅是因为对如何使人们有更好表现或者甚至拥有更好的记忆力提供解决方案——虽然这些都极受欢迎——而是一些更值得探究的问题，“什么使得我成为与众不同的那一个？”和“如何伸展我未被开发的潜能？”

我为东尼·博赞在大脑潜能研究方面的进展而欢呼——他在此领域一直处于前沿已达40多年——我觉得有必要推荐“东尼·博赞思维导图系列”（《思维导图》《超级记忆》《快速阅读》《博赞学习技巧》和《启动大脑》）这套40多年来一直畅销不衰激励人心的大脑百科全书，读了它你重新认识大脑潜能的思维之旅才刚刚开始。

苏珊·格林菲尔德女男爵

英国二等勋位爵士

福勒里安生理学教授

牛津大学林肯学院高级研究员

国家荣誉勋位团勋章获得者

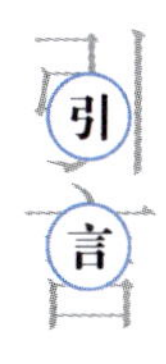

东尼·博赞

自从20世纪60年代我发明了思维导图之后，它们就被人们当作“终极思维工具”。它们带我走上了一段神奇的旅程，改变了我的生活。我希望这本《思维导图》也会为你的生活带来积极的改变。

思维导图带来的直接结果就是，2009年在吉隆坡马来西亚博特拉大学举行的第14届国际思维会议上，时任马来西亚高等教育部部长穆罕默德·卡利德·诺丁（Datuk Seri Mohamed Khaled Nordin）正式宣布21世纪是大脑的世纪，新千年是大脑的千年。他同时宣布我们已经从农业、商业、信息和知识的时代走向智力的新时代——而思维导图正是智力的“终极思维工具”。

虽然思维导图出现时间不长，但已经有逾2亿次书面引用，逾10亿人通过电视观看过，全球近半人口通过收音机或其他媒介了解过。

在阅读《思维导图》时，你将会进行一次彻底的思维革命，事实上，它已经开始转变我们对大脑潜力的看法，改变我们对大脑和多元智能的使用方法。

大学二年级那年，有一天我兴冲冲地来到图书馆，问图书管理员，在哪儿可以找到一本谈论大脑和如何使用大脑的书。她立即指引我去医学图书部！我跟她解释说，我并不是想要动大脑手术，只是想知道如何使用大脑。她很客气地对我说，没有这样的书。我万分惊奇地离开了图书馆。

跟身边的人一样，我也经历了大学生中常见的“天路历程”：我慢慢地意识到，随着学术著作阅读量不断增多，我们的思考能力、阅读能力、创造力、记忆力、解决问题能力、分析和写作能力也被要求不断提高。在这种压力下，大脑开始屈服了。跟别人一样，我也体会到，学习所得越来越少，甚至一无所获的情况也与日俱增。越是用功学习，记的笔记越多，我的成绩反而越差！

这两种情况，从逻辑上来说，无论哪一种都会把我引向灾难。如果减少学习时间，我又不能吸收到必要的信息，后果就是我的成绩越来越差；如果更用心地学习，记更多的笔记，花更多的时间，转来转去还是会以失败而告终。我以为，解决办法肯定在智力和思维技巧的使用方法上——因此，我才去了图书馆。

那天，走出图书馆的时候，我意识到，找不到所需要的书这个“问题”，看起来是件坏事，实际上反倒是件好事。因为，如果没有这类书，那我就碰巧找到了一个冷门，而且这片尚未开垦的处女地还是异常重要的。

我开始着手研究，只要是觉得有助于解决下列基本问题的知识领域，我都要研究：

- 怎样知道如何学习？
- 思维的本质是什么？
- 有哪些最佳的记忆技巧？
- 有哪些培养创造性思维的最佳技巧？
- 目前关于快速、有效阅读的最好的技巧有哪些？
- 眼下有哪些最好的普遍思维技巧？
- 有没有开发新的思维技巧或者一个总体方法的可能性？

为了解决这些问题，我学习了心理学、大脑神经生理学、语义学、神经语言学、信息理论、记忆和助记法、感知理论、创造性思维等各类学科，阅读了伟大思想家的笔记和普通科学的资料。我逐渐认识到，如果让人类大脑的各个物理方面与智力技巧彼此协同工作而不是彼此分隔，则其发挥作用的效益和效率都会更高。

微不足道的事情却可以产生极为重要和令人满意的结果。例如，只是简单地把词汇和色彩这两种大脑皮层技能合并在一起，就使我记笔记的效果大为改观。在笔记内容上简单地加上两种颜色，就可以把记忆涂色内容的效率提高100%。也许更为重要的是，这使我非常喜欢自己做的事情。

渐渐地，总体的结构出现了，这期间，我开始当辅导老师，权当一种爱好，专教一些被认为是“有学习障碍”“无药可救”“诵读困难”“智力落后”和“问题少年”的小学生。这些所谓的“掉队分子”都很快转变成了好学生，其中一些还一跃成为各自班上的尖子生。

有个女孩子，名叫芭芭拉，学校说她的智商是有史以来最低的一个。学习了1个月的学习技巧之后，她的智商提高到了160，最后以高材生的身份从大学毕业了。帕特是位有特殊天分的美国女孩，她曾被人错误地归入“有学习障碍”之列。在她打破好几项创造力和记忆的纪录之后，她说："我并不是学习不行，我是被人剥夺了学习的权利！"

20世纪70年代早期，人工智能早已到来，我可以买1台IMB电脑，并获得一本1 000页的操作手册。可是，在我们这个假想的文明社会的高级阶段，大家都是带着复杂得令人吃惊的生物电脑来到这个世界的，这种生物电脑比任何已知的电脑还要快1 015倍，但我们的操作手册在哪里？

从那时起，我就决定写一套基于这种研究的丛书：《大脑及其使用百科全书》。我是从1971年开始的，我一边做，一边看到远方露出了更清晰的前景——那就是不断成熟的发散性思维和思维导图理念，以及一个可知的思维世界。随着《思维导图》新版的发行、全球思维导图研究的硕果累累以及近5亿使用者的出现，这一愿景正在实现。

从1970年到1990年，我去往世界各地，为政府、企业、大学以及中小学讲授我的"新宝贝"，并撰写了首版《思维导图》，于1995年出版。

我的梦想之一就是开发出一款思维导图软件，它能像大脑一样在电脑屏幕上创造思维导图。这远比我想象中难。直到2009年春 iMindMap 4. 0版发行以后，首款真正的思维导图软件才得以问世——感谢思维导图电脑天才克里斯·格里菲思及其团队的工作。这本新版《思维导图》将首次向你介绍大脑和电脑该如何互连以及两者之间如何互助。

在开发思维导图的初期，我只看到了思维导图在记忆方面的主要用途。然而，我的兄弟巴利与我讨论数月后，我相信，这种技巧同样可以应用在创造性思维方面。

巴利一直都在从非常不同的角度研究思维导图理论，他的贡献加快了我开发思维导图的过程。以下是他的故事。

巴利·博赞

1970年在伦敦安家后不久，我与东尼的思维导图思想不谋而合。当时，这个想法尚处在雏形期，刚刚露出了它的萌芽。可是，与记笔记时只是简单地记一些关键词已然不同。东尼对学习方法和了解大脑的研究有着更为长远的计划，这只是其中的一个部分。有时候，我也参与东尼的工作，为这个开发过程敲一下边鼓。直到把这个方法运用到博士论文的写作时，我才认真地介入此事。

思维导图真正吸引我的，倒不是东尼一直醉心其中的记笔记法，而是做笔记法。我不仅需要组织越来越多的研究数据，而且需要澄清自己的思想，回答这样一个令人困惑的政治问题：为什么和平运动几乎总是不能达到其声称的目的？我的体会是，思维导图是一个更有用的思维工具，因为它们使我能够分清主次，更快而且更清楚地看出一些主要思想如何彼此关联。它们给了我一个非常有用的中间平台，使我能够在思维过程与实际写作之间平稳过渡。

我很快意识到，思维和写作之间的衔接问题，是我的研究生同学们成功或失败的一个主要的决定性因素。许多人没能够衔接上，他们对研究的主题掌握得越来越多，可在组织细节形成论文的时候，却越来越茫然。

思维导图使我处在一个非常有竞争力的优势位置。它使我有了把思想组织起来并加以深化提炼的能力，而不再重复耗时费力地起草、再起草过程。由于把思维和写作分开来了，我可以更清楚地想问题，思路也开阔多了。到开始写作的时候，我已经有了一个清楚的结构，也有了一个确定的方向感，这使写作更容易、更快，也更令人愉快。我在规定的3年时间内提前完成了博士论文，还抽出时间写完了另一本书的一章，帮助创建并编辑了一份国际关系学方面的季刊，做学生报纸的助理编辑，参加摩托车赛，而且还结婚了（与未婚妻一起用思维导图起草了婚礼誓约）。因为有了这些经验，我对这个技巧当中有关创造性思维的方面热情高涨。

思维导图一直是我做学术工作的重要方法，它使我在书籍、文章和学术论文写作时成果迭出，产量甚高。在一个信息量极为重要而迫使很多人成为专家的领域，思维导图帮助我保持了一个多面手的形象。在一些过于复杂，常令人语无伦次、词不达意的理论文章写作时，我也把自己清晰的写作能力归功于思维导图。它对我的职业生涯最大的影响，也许就反映在人们第一次见到我时发出的惊异中："你比我想象的年轻得多。你是怎么在这样短的时间里写出这么多东西的？"

在我自己的生活和工作中尝到了思维导图的种种甜头后，我成了思维导图的倡导者，宣传创造性思维在东尼正在开发的更为广泛的应用领域中的重要性。

20世纪70年代末期，东尼确信应该有一些关于思维导图方面的书，我们商讨我该如何加入到这件事情中来。在过去的几十年中，我俩已经形成了非常不同的风格。东尼在他自己的教学和写作中，已经找到了非常广泛的应用范围，他已经开始把这个技巧与大脑理论联系起来了，并且编制了许多形式的规则。作为一个学术著作人，我所耕耘的只是非常有限的"三分地"。我的思维导图只包括了非常少的一些形式，几乎没有色彩或图形，而且基本构造也不尽相同，一开始几乎只是在写作时我才会用到。不过，我越来越多地采用思维导图，讲座时用，做管理工作时也用，受益匪浅。我学会了如何在很长一段时间里作深刻的思索，用思维导图来架构和实施大型的研究项目。

有好些原因使我们想合写一本书：首先，如果将两个人的理解合并起来，书可以写得更好；其次，我们都对思维导图有很高的热情，极力希望将它推向全世界，让更多的人都可以使用这个方法；最后，在我试图把思维导图理论教给我的一些学生时，我遇到了很大的困难。几次失败的尝试使我相信，东尼是对的，即人们要学的不止是一项技术，而是如何思考。我希望能有这样一本书送给别人，并且能够说："这本书会教你如何像我一样思考和工作。”

紧随其后的工作过程相当漫长。一般是两个人定期而不很频繁的对话，彼此一直都想说服对方完全理解自己的想法。书中内容有80%是东尼完成的：所有的大脑理论，创造力与记忆之间的联系、规则，很大一部分方法技巧，几乎所有的故事，以及与所有其他研究的联系。还有形成文字，也是他做了几乎所有的起草工作。我的主要贡献在于架构了全书的结构，另外，提出了一个想法，即思维导图的真正力量可以通过使用“基本分类概念”（“章节标题”或者主要概念——思维导图第一层分支）彻底发挥出来。除此之外，我扮演的就是一个评论家、陪衬、长舌妇、支持者和不谋而合者的角色。

我们花了很长的时间才使彼此完全理解和佩服对方的见解，最终我们还是达成了几乎完全一致的意见。尽管慢一些，但是，合作著书常常可以比单枪匹马写出更有广度和深度的书，本书即是一例。

东尼·博赞

如巴利所言，我们是学以致用，用以致学，因为我们就是使用思维导图本身来写作《思维导图》这本书的。在过去近20年的时间里，我们各自画了很多头脑风暴思维导图，然后在一起交换和融汇了彼此的思想。在深入讨论之后，我们又产生并融合出一些新的想法，花时间去观察自然现象，各自又用思维导图勾勒出了下一步的预想，再一次会面去讨论、比较，然后继续工作。为全书做的思维导图生成了各章的思维导图，每幅图都成为该章的基础。

这个过程给“兄弟”这个词，或者说是“手足之情”赋予了新意。甚至就在我们创作本书的时候，我们就已意识到了，我们自己已经创造了一种“集体思维导图”，它包括我们各自思想中的所有成分，以及这些思想合成后所产生的丰硕的协作成果。

《思维导图》的首版问世已有很多年了，“思维导图”现如今已经成为一个耳熟能详的名字，事实上，也已经成为一个全球现象。但是它在思维方式上所具有的革命性潜力是读者可能尚未意识到的。我们已经意识到在学习、工作以及平衡工作生活中驾驭思维导图、掌控“知识管家”——大脑方面，我们还有很多事情需要做。这也就是我为什么马不停蹄地给全世界做讲座、做研讨、做讲习，给他们讲“思维导图、记忆以及创造力”。另外，也是为了促进“国际思维节”的活动，包括世界记忆锦标赛（由我和我的朋友兼同事国际象棋大师雷蒙德·基恩发起）以及本书末尾在线资源版块列出的其他一些在线活动。

随着科技的进步，思维导图软件也在不断发展，最终发行了iMindMap——我的官方思维导图软件。随着人们用思维导图软件来帮助自己创造性地组织、计划以及思考，它也越来越受到商业、教育及个人运用的欢迎。世界最出名的企业家之一比尔·盖茨认为，“新一代的‘思维导图’软件同样可以作为数字化‘白板’，能够将众多的知识和想法连接起来，并有效地加以分析，从而最大限度地实现创新”。

我们真心希望，《思维导图》能给予你发现的惊喜、探索的激动，帮你形成创造性的思想，以及享受与另一个人实现沟通时的纯粹的喜悦，就像我们自己所体验到的一样。

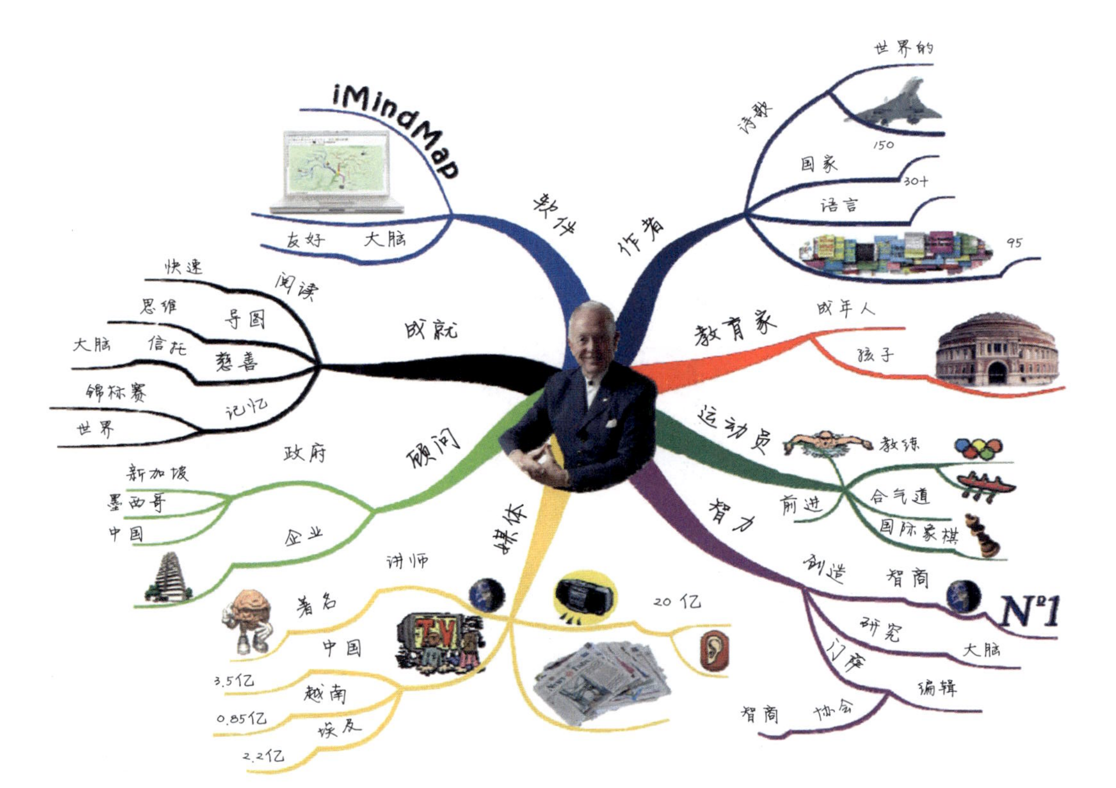

图E　东尼·博赞用 iMindMap 软件绘制的个人简历思维导图，展示思维导图的众多风格。

人脑乃是一台被施了魔法的编织机，千百万织梭往复翻飞于斯，织就花纹转瞬即逝，图案寓意何其深远，几曾又有过驻留的时刻。小小图案似合若离、此消彼长，宛如银河欢舞九天。

查尔斯·谢灵顿爵士

英国科学家，伦敦皇家学会院士

THE MIND MAP BOOK

第一部分
人脑的无限能量和潜力

只是在过去的几个世纪里，人类才开始收集有关大脑结构和机制的信息。尽管离完全了解还有很长的一段路要走（我们越来越感觉到，已知的一切只不过相当于未知事物微小的一个部分），但是，我们现在已经知道的一切，足以使我们永久地改变对他人和自己的看法。

第一部分将向你介绍神奇的大脑所具有的天然结构，以及它惊人的工作原理。你会看到，一些杰出的头脑是如何使用一些人人都可用的技巧的，以及为什么95%的人都对自己的思维功能不甚满意。本部分末尾提出一种新的、以大脑为基础的高级思维方式：发散性思维及其自然表达——思维导图。

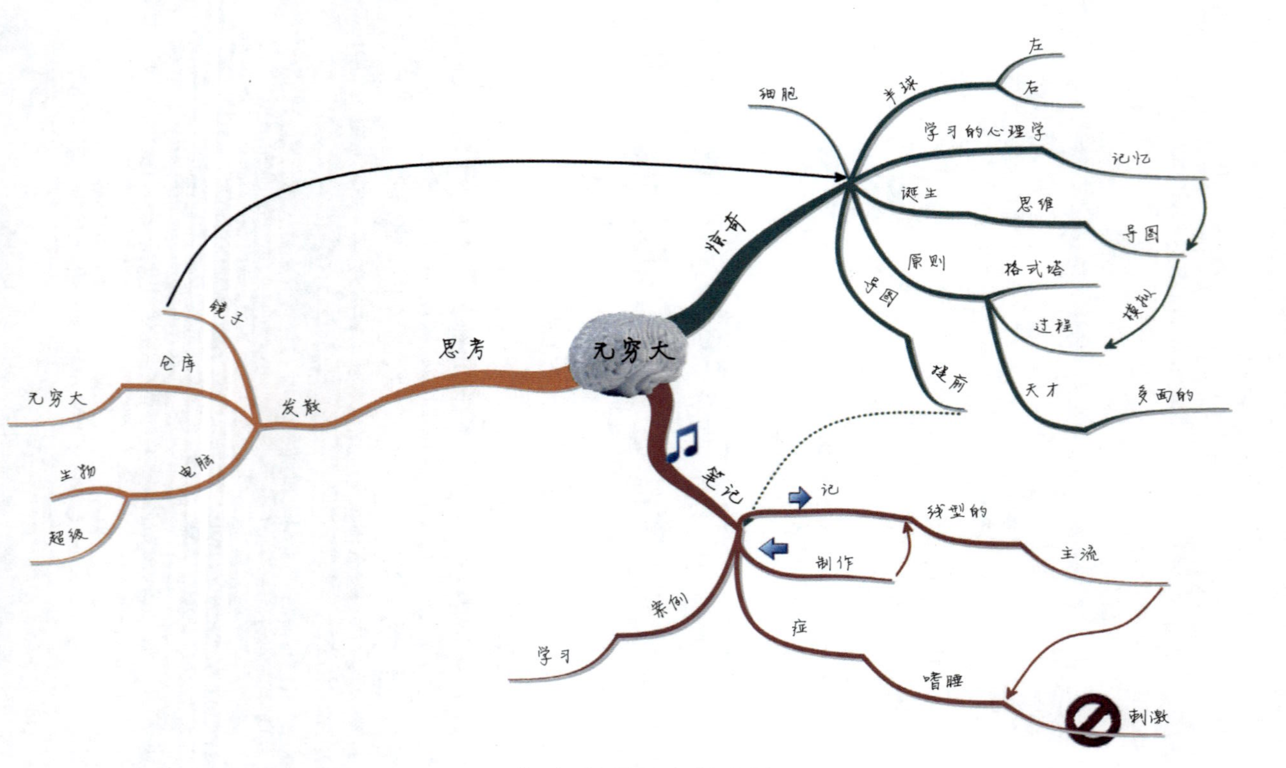

图F 第一部分思维导图形态分类图

神奇的大脑

本章将向你揭示人脑无与伦比的功能。你会发现人有多少脑细胞，它们如何以令人瞠目结舌和错综复杂的方式相互作用。你还会发现大脑信息处理系统的本质，了解大脑左右半球在各司其职时是如何沟通互动的。当了解了记忆的特点、机制以及大脑的其他主要功能之后，你会意识到人脑巨大的容量和无限的潜力。

1.1 现代大脑研究

1.1.1 脑细胞

我们现在知道每个人的大脑中，不是只有几百万，而是约1万亿个脑细胞。其中，负责思考的脑细胞（称为神经元）就有1 000亿。每个脑细胞都包含有一个巨大的电化复合体和功能强大的微数据处理及传递系统。尽管异常复杂，但是，它只有针尖那么大。这些脑细胞看起来都像是超级章鱼，中间有身体，周围有十根、百根，或者上千根触须。

如果我们再放大一些看，会发现每根触须都像是树干，从细胞中央或者细胞核向四周发散。脑细胞的枝干叫作树突（其定义为“树状自然纹理或结构”）。有根特别大且长的分支，名叫轴突，它是信息的主要出口，信息就由它传递。每个树突和轴突的长度从1毫米到1.5米不等，其周围布满蘑菇一样的突起部分，叫作树突棘或突触小体。

朝这个超级显微世界再进一步，我们就发现，每个树突棘或突触小体都包含一些化学物质，它们是人类思维过程的主要信息携带者。一个脑细胞中的树突棘或突触小体会与另一个脑细胞的突触小体连接起来。当一个电脉冲通过大脑细胞时，化学物质会通过这两者之间微小的、充满液体的空间传递过去（注意神经元并不是相互连接的），这个空间就叫作突触间隙。化学物质“嵌入”接收表面，形成一个脉冲，通过接受脑细胞，然后从这里被导入相邻的一个脑细胞。

脑细胞每秒钟从相连的点上接收到成百上千个传进来的脉冲。它起的作用就像是一台巨大的程控电话交换机，以微秒为单位，很快地计算所有进来的数据，然后再将它们导入合适的通道。

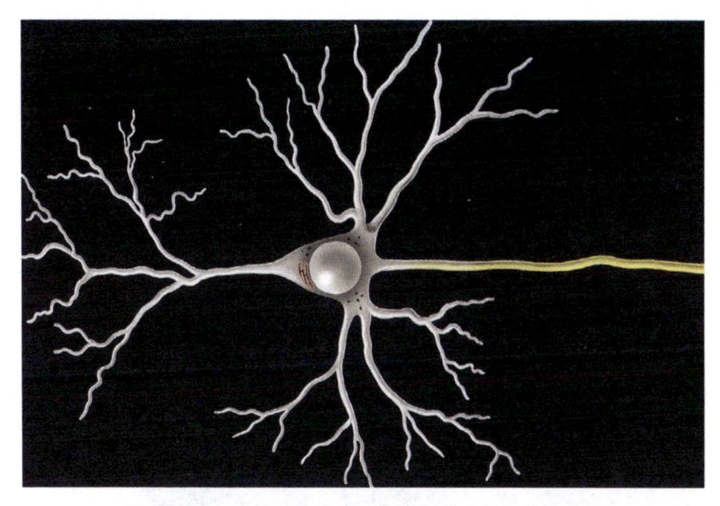

图 1-1　多级神经元（神经细胞）反映思维导图结构

1.1.2　形成大脑图谱

当一个给定的信息，或思想，或重新激活的记忆在脑细胞之间传递时，就建立起了一个生化电磁通道。这些神经细胞通道就叫作“记忆轨迹”。这些记忆轨迹就是现代大脑研究当中一个最令人着迷的领域，并使人类得出了令人相当惊讶的结论。

当你每次产生一个想法时，带有这个想法的神经通道中的生化电磁阻力就会减少。这就像在丛林之中清出一条小路来一样。第一次得费一点儿劲，因为你必须清除掉一路的杂草缠藤。第二次就容易多了，因为第一次走过这里时已经做了很多清障工作。你从这里经过的次数越多，存在的阻力就越小，直到重复很多次以后，这条小路变得又宽又平，基本没有或者只有很少的东西要清除了。大脑里面的情形差不多：你重复思维模式或图谱的次数越多，对它们造成的阻力就越小。因此，重复本身就增大了自我重复的可能性，这一点至关重要。换句话说，“思维事件”发生的次数越多，它再次发生的可能性就越大。

1.1.3 无限可能

莫斯科大学教授皮奥特尔·科乌兹米奇·阿诺欣（Petr Kouzmich Anokhin），在经过长达60年关于脑细胞本质的研究之后，公布了他的研究结果。他在《自然智能及人工智能的形成》（*The Forming of Natural and Artificial Intelligence*）这篇论文中的结论如下：

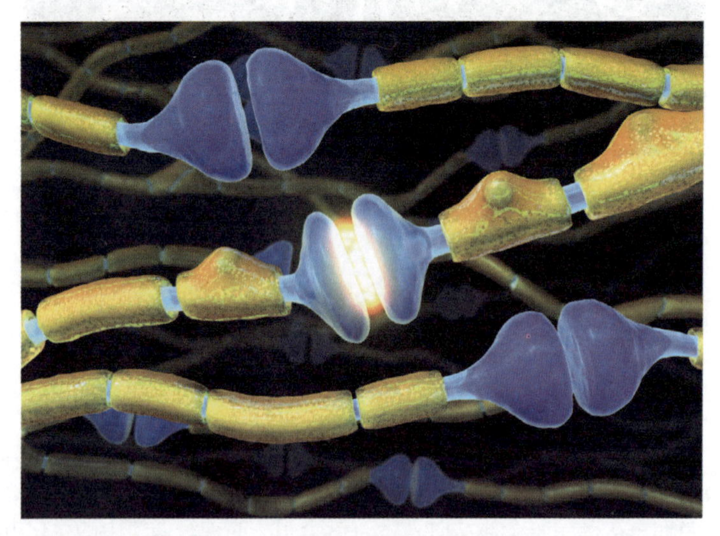

图 1-2 传递信息的脑细胞连接突触图

我们可以证明，人的1万亿脑细胞当中的每一个细胞可能产生的连接数为“1”后面加上28个“0”！如果单个神经细胞具有这种潜力，我们就无法想象整个大脑能够做什么了。这意味着，人脑中可能的连接总数，如果写下来的话，其长度将为“1”后面加上1050万千米长的“0”！可以使用大脑全部潜能的人类目前尚不存在。这就是我们不能接受对人脑极限的悲观估计的原因。它是没有限制的！

每个个体脑细胞都可以在同一时刻与相邻的1万多个脑细胞发生接触和拥抱。正是这种闪烁不定、连绵不绝的拥抱，才使你思维当中无尽的模式和图谱被创造出来，得到营养，不断增多。

1.2 大脑的左右半球

20世纪60年代末，加利福尼亚的教授罗杰·斯佩里（Roger Sperry）公布了他对大脑中进化最为完整的区域，即大脑皮质调查的结果（“皮质”的意思是“外壳”或“皮层”），并因此荣获诺贝尔奖。

斯佩里初期的发现说明，皮质的两边，或者叫半脑，两者之间的主要智力功能似有分开的倾向。右半脑看起来好像主要负责下列功能：节奏、空间感、格式塔（完整倾向）、想象、白日梦、色彩及维度。左半脑主要负责的功能似有不同，但也同样重要：词汇、逻辑、数字、顺序、线性感、分析和列表。

另外还发现，尽管两个半脑各司其职，可是，它们在所有的领域里基本上都发挥功能，而由罗杰·斯佩里分辨出来的一些大脑功能实际上都分布在皮质各处。

我们常将人区分为左脑人（科学家）和右脑人（艺术家），但是这种区分限制了我们的潜力——我们能够，而且本来就是两个半脑同时使用的。正如迈克尔·布洛克（Michael Bloch）在他的论文中所说：“如果我们把自己说成是‘左脑人’或‘右脑人’，那是在限制自己开发新策略的能力。”

图 1-3 大脑左右半球的主要智力功能

1.3 学习的心理——记忆

研究表明，在学习过程中，人脑主要记忆下述内容：

- 学习开始阶段的内容（首因效应）。
- 学习结束阶段的内容（近因效应）。
- 与已经存储起来的东西或模式发生了联系，或者与正在学习的知识的某些方面发生了联系的内容。
- 作为在某些方面非常突出或者独特的东西而被强调过的内容。
- 对五种感官之一特别有吸引力的内容。
- 本人特别感兴趣的内容。

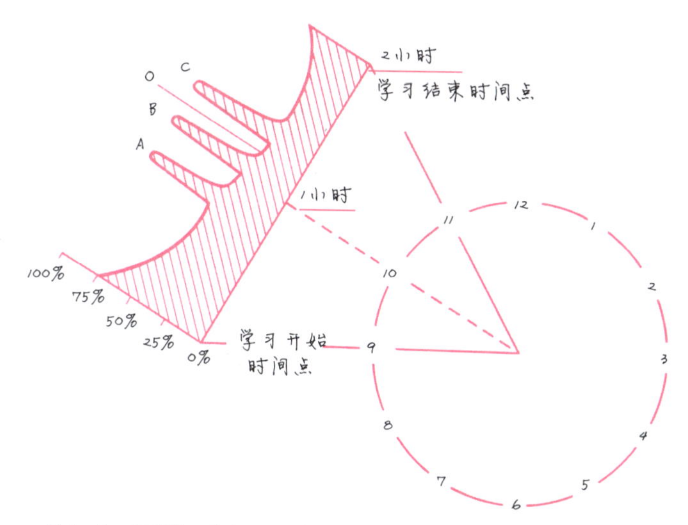

图 1-4　预测学习期间回忆发生的高点及低点图。高点出现的原因可以为全新学习理论的提出奠定基础。

这一系列的发现，与上图对照起来看，会给你一个对于理解大脑的工作方式非常重要的信息。

1.4　思维导图的诞生

正是通过探索记忆和理解的不同（而不是很多人所想象的“左脑或右脑理论”），才使我想到了要去开发思维导图。在20世纪60年代，我去各个大学讲授学习和记忆心理学，同时注意到了我所讲的理论和自己实际进行的事情之间有一段距离。

我的讲授笔记都是传统的线性笔记，忘记的东西和无法沟通的东西与传统的笔记一样多。我把这些笔记当作记忆讲座的基础。在这个基础上，我指出，回忆的两大主要因素是联想和强调。可是，这些因素却在我自己做的笔记里找不到！我不断问自己这个问题：“我的笔记中有什么东西会帮助我产生联想和强调？”结果，20世纪60年代末70年代初，我就形成了思维导图的初期概念。

随后，我通过研究信息处理的本质、脑细胞的结构和功能、大脑皮层，以及天才的记笔记习惯，证实并加强了原来的理论，思维导图就这样诞生了。

1.5 格式塔——“完整倾向”

大脑倾向于寻找模式及完整。例如，大多数人在读“1，2，3……”时，会努力压抑加上“4”的冲动。相应地，如果有人说：“我有个非常有趣的故事要告诉你……哎呀！对不起，我刚想起来不应该讲给任何人听的。”你的大脑肯定会尖叫着要求听到这个故事！大脑这种寻求完整的固有倾向也叫作格式塔——一种需要通过词汇和意象填充空白以求整体的自然倾向。思维导图的结构正好满足了这种倾向。思维导图允许产生无限制的联想序列，可以据此综合地研究你所关心的任何主意或问题。

1.6 人脑的思考过程

人脑这台令人惊异的机器有五大功能——接收、保持、分析、输出和控制，详情如下：

- **接收：**任何感觉器官所感觉到的任何东西。
- **保持：**你的记忆，包括记忆能力（存储信息的能力）和回忆能力（可以调取被存储信息的能力）。
- **分析：**模式辨认和信息处理。
- **输出：**任何形式的联系或者创造性行为，包括思维在内。
- **控制：**指所有的精神和身体功能。

这五大功能都是彼此强化的：

1. 如果产生了兴趣或者受到激励，并且接收过程与大脑功能互不冲突，接收数据就比较容易一些。

2. 有效地接收到信息之后，你会发现保持和分析信息也很容易。反过来，有效的保持和分析会增强接收信息的能力。类似地，包含一系列复杂的信息处理活动的分析，要求对已经接收到的信息有保持的能力（保留和联想）。

3. 分析的质量会很明显地受到接收和保持信息的影响。

4. 这三项功能都趋于指向第四项功能——输出，或者通过思维导图、说话、手势等，把已经接收、保持和分析过的信息表达出来。

5. 第五项功能——控制，指大脑对精神和身体功能总的监控，包括总体健康状况、态度和环境条件。这项功能尤其重要，因为健康的思维和身体是基础，在这个基础上，接收、保持、分析和输出就可以发挥各自最大的潜力。

1.7 思维导图模拟思维过程

因为创作思维导图需要“全脑”协同思维，这与大脑思维过程中神经元在大脑中爆炸性地寻求新的连接相一致。简单来说，思维导图可以让你的大脑像一台巨大的弹球机一样工作，数十亿的银色弹球以光速呼啸着从一面飞向另一面。

人脑并非像电脑一样进行线性或序列思维，它的思维是多面的、发散性的。当你制作好了一张思维导图之后，主干会延伸出去形成次一级的枝干，鼓励为新加上去的枝干发展更多的内容——就像你的大脑一样。同样，因为思维导图中的所有内容都是相互联系的，所以它能帮助大脑通过联想更好地进行理解和想象。

天才的思维是多面的

所有的梦想家都能够在内心将他们的理想和抱负勾画成一幅强大的景象；具有建设性的白日梦让爱因斯坦“看到”了宇宙是如何构成的。天才都会通过想象在笔记中加注图像。

他们与同辈人不同，知道如何深入挖掘大脑能量和利用资源。以下我们列出了一些思维技巧供你分析——以及模仿！你将会发现，技巧人人可以学，一旦你知道如何制作思维导图，如何释放你的思维、记忆以及创造力，你也可以成为天才！

- **幻想：**一盏“指引之灯”，让你明确实现人生理想的目标。穆罕默德·阿里对于胜利的幻想就无比完整，他甚至常常预测到下一场战争如何成功。
- **渴望：**对达成幻想、目标和任务的热情程度。这种热情常常“似火”，就像法拉第，在他还是一个装订工的时候，他就渴望探索电的世界。
- **计划：**为达成终极目标需要重点明晰。秦始皇将这一步简化为统一六国，包括修筑万里长城。
- **学科知识：**伟大的天才会学习大量自己想要追求的领域的知识。
- **大脑认知：**了解大脑的行为技巧，尤其是记忆、创造、学习以及一般思维技巧。

杰出头脑

这些杰出天才的另一个共同特点就是经常记笔记。仅爱迪生就有超过500万页笔记，内容涉及他作为发明家、开发者、制造者、企业家和精明生意人的近60年的职业生涯。如果你们当中有些人因为笔记记得“乱七八糟”，或者“信笔涂鸦”而受到批评，接下来的内容会使你找到安慰和辩解的理由！

在过去35年的讲课生涯中，我经常把某个没有标记出来的、公认为“杰出人物”的思想家所做的笔记拿出来让大家看。我请听课的人辨认笔记的主人。每组笔记里都有参与者提到这样一些人的名字——经常是瞎猜——达·芬奇、爱因斯坦、毕加索、达尔文，还有至少另外一位大名鼎鼎的音乐家、科学家或政治家。这项测验显示，我们都觉得像达·芬奇和爱因斯坦这样的人，一定是运用了比同辈人范围更广的大脑功能才取得了如此辉煌的成就。下面就有两个关于达·芬奇和达尔文的例子支持了这个假定，它们证明，拥有“杰出头脑”的天才的确使用了更多的自然潜力，而且跟同时代的人使用线性思维不一样，他们都是不自觉地开始使用发散性思维和思维导图的。

全方位使用大脑技能

查看图1-3思维导图中所描述的思维技巧，再检查一下自己的笔记里包括了多少这样的技能——越多越好，这样的话，你很快就能确定自己的或者其他任何一套笔记是否优秀。

列奥纳多·达·芬奇所记的笔记说明了这一点。达·芬奇的笔记使用到了词汇、符号、顺序、列表、线性感、分析、联想、视觉节奏、数字、图像、维度和整体观念——这是个完整表达自我思想的例子。查尔斯·达尔文的笔记和初步思维导图同样也是他思维过程的外在体现。

我们知道，大家都能够使用同样的内在潜力。可是，为什么还是有许多人现在都面临着思维、创造力、解决问题、计划、记忆和如何应对各种变故等大问题？

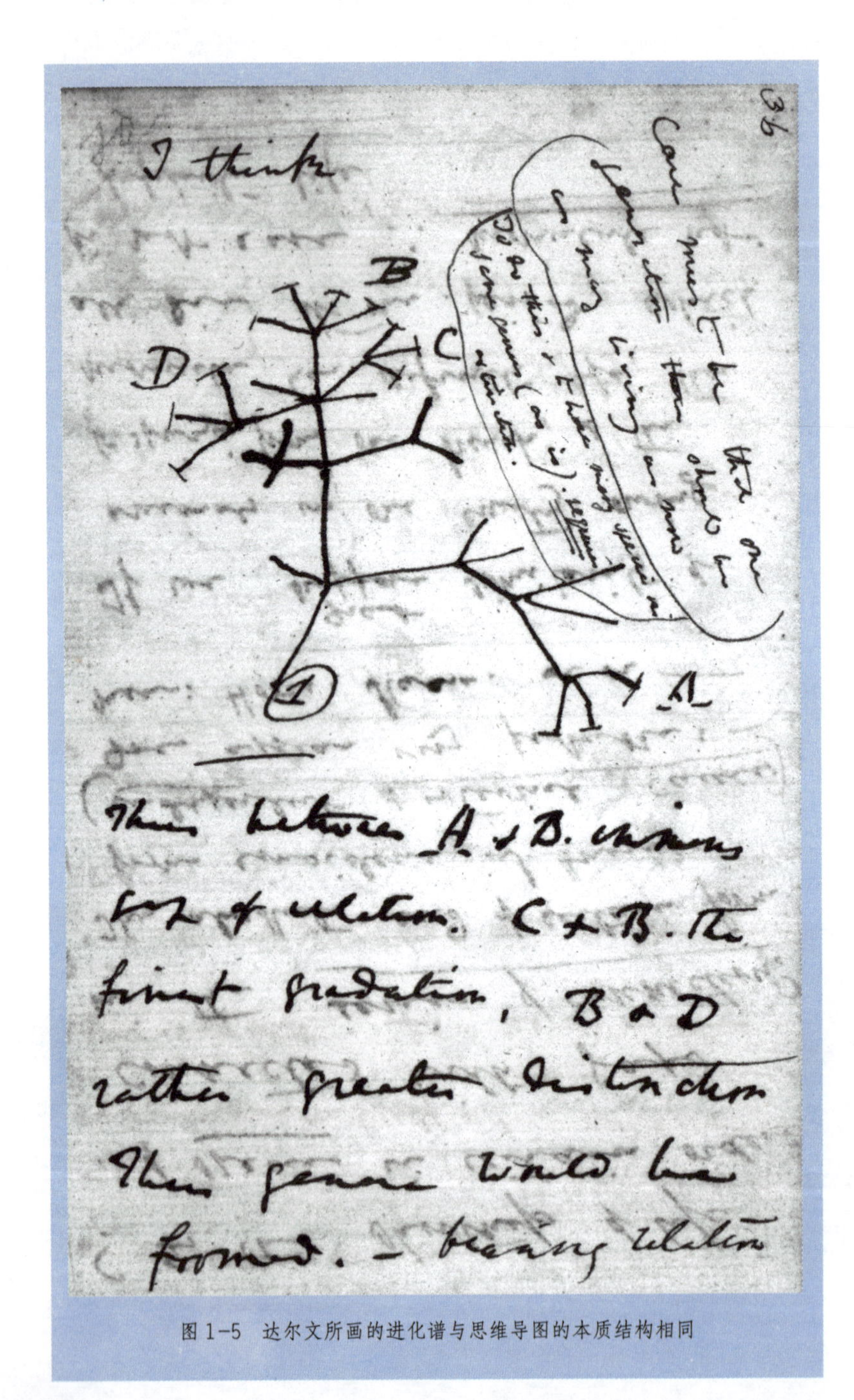

图 1-5　达尔文所画的进化谱与思维导图的本质结构相同

图 1-6 列奥纳多·达·芬奇的笔记使用了大脑皮层的全部技巧

下章简述

生理学和心理学研究表明，人脑仍有巨大的能量有待开发。我们对天才的研究表明他们比周围人更多地使用到了大脑的内在潜力，最重要的是，我们知道我们也可以利用同样的内在潜力。所以，为什么我们不能拥有杰出的头脑呢？下一章将作出解释。

制作笔记和记笔记

本章要揭示目前全球正在使用的笔记系统中存在的缺陷。通过分析不同风格的笔记的有效性（或者无效性），我们可以发展出一种系统，这种系统能够开启天生创造力、思维过程、解决问题以及记忆的能力。

2.1 主流的线性笔记

我们研究过中小学、大学及不同职业里各种水平的制作笔记和记笔记的个人风格（制作笔记的意思是指组织自己的思想，经常以创造性的、革新的方法进行。而记笔记是指总结别人的思想，比如一本书、一篇文章或者一个讲座里的思想内容）。这项研究在许多不同的国家进行，包括观察、提问和实验。

有一项实验是这样的，让一个小组中的每位成员在5分钟内，就“大脑、革新、创造力和未来”这个话题准备一份非同寻常的、具有创造性的演讲。允许他们使用各种不同的纸张、彩色笔和其他书写材料，并要求他们的笔记草稿里包括下列内容：记忆、决策、交流和表达、时间管理、创新和改革、问题解决、计划、幽默、分析、听众参与。

尽管提供了众多的书写材料，他们当中的大多数人还是选择了标准有线条的纸和一支钢笔（通常是黑色、蓝色或者蓝黑色）。实验当中所用的三种主要风格如下：

- **句子或者叙述风格：**简单地把要说的话以叙述的形式写出来。
- **列表的风格：**记下产生的想法。
- **数字或者字母轮廓风格：**按照层级次序制作笔记，该层级次序主要由主分类和次分类构成。

在我们所采访过的各个中小学、大学和商业组织里，有95%的受试者使用以上的三种主要风格。一些人将这三种主流风格的不同元素综合起来。在世界各地，目前制作笔记和记笔记的标准方法都是一样的。中东和亚洲的笔记看起来跟西方的可能不一样，可是，他们使用的都是一模一样的方法。尽管像中文、日文的旧时写法和阿拉伯文都不是从左到右书写，而是竖写或者从右到左书写；但是，这种表达仍然是线性的。

在所描述的三种主要风格中，每一种风格所使用的工具如下：

线性模式：这些笔记通常都是以直线模式写下来的，还用到了语法、时间顺序和层次顺序。

符号：包括字母、单词和数字。

分析：里面用到了分析，可是，分析的质量却因为直线模式而受到了极大的影响，反映出的是表达形式的过分线性化而不是内容。

风格	目的	工具
1	记忆	单词
	交流	数字
2	展示	顺序
	创新	线条
	创造	清单
3 I a b c II a b III a b c	计划	逻辑
	分析	分析
	决策	单色
	等等	

图 2-1　这是全球各地不管什么语言或者国家的学校和职场当中，95% 的人制作笔记和记笔记的三种主要方法。你能够看出为什么他们会让大脑处在进退两难的境地吗？

符号、线性模式和分析这些目前在制作笔记和记笔记中用得最多的因素，只不过用到了大脑皮层大量工具中的三种而已。这些标准的笔记中几乎完全没有：

- 视觉节奏
- 视觉模式或正确模式
- 色彩
- 图像（想象）

- 视觉化
- 维度
- 空间感
- 格式塔（完整倾向）
- 联想

2.2 “全球嗜睡症”

由于所缺乏的因素在大脑发挥整体功能，特别是在学习阶段的回顾中至关重要，参与测验的大多数受试者都认为记笔记是件难缠的事就不足为奇了。跟记笔记和制作笔记联系得最紧的一些词汇通常是：“无聊”“惩罚”“头疼”“浪费时间”“不及格”。

另外，超过95%的笔记都是用单色写的，非常单调的颜色（通常是蓝、黑或者蓝黑色）。“单调”和“无趣”是一个意思。如果大脑感觉到无聊会怎样呢？它会“不理不睬”“关机”，随后“睡觉”。因此，95%受过教育的人都在以一种使自己和他人都感到无聊的方式制作笔记，这些笔记使人分心，让许多人进入一种昏昏欲睡的状态。这个办法还真的“有效”。我们只需要看一下大、中、小学和世界各地的图书馆就知道了。这些图书馆里有一半的人在干什么？睡觉！供我们学习的地方正在变成巨大的公共卧室！

全球对学习产生的“嗜睡症”，是由于在过去的几百年里，我们中的许多人制作笔记时，只用到了不到一半的大脑皮层。这样的话，连接大脑左、右半球的各种技能无法通过向上螺旋运动和生长的方式产生互动。反过来，我们人类却用一些使大脑产生拒绝和遗忘的制作笔记和记笔记的办法增加大脑的负担！这两个因素合并起来产生的不利影响使我们付出了巨大的代价。

标准笔记系统：

关键词模糊——重要的内容由关键词来表达：这些词通常是名词或重要动词，当读到它们时，能引起一系列的相关联想。 在标准笔记中，这些关键词经常出现在不同的页码上，埋没在一大堆相对不重要的词汇之中。这些因素阻碍大脑在各个关键的概念之间作出合适的联想。

不易记忆——单调的（单一颜色）笔记看起来很没有意思。这样的话，它们就会被拒绝和遗忘掉。另外，标准的笔记列出来的东西看上去通常都很相似，没完没了。光是列出这样的单子本身就够烦的，会使大脑处于一种半睡眠状态，几乎不可能去记住什么东西。

浪费时间——标准笔记方法总是记些不必要的内容，因而在各个阶段都很浪费时间，它需要：

- 读些不需要的笔记。
- 再次阅读一些不需要的笔记。
- 寻找关键词。

不能有效地刺激大脑——标准笔记的线性表达内容阻碍大脑作出联想，因此对创造力和记忆造成负面影响。另外，特别是面对表单式的笔记时，大脑会不断地有一种感觉，好像“快要完了”，或者“已经完毕”。这种错误的完成感觉会起一种精神麻醉剂的作用，减缓或者抑制思维的过程。

2.3 制作/记笔记的研究结果

下述这些发现以许多学术研究作为后盾，特别是埃克塞特大学的豪博士（Dr. Howe）所进行的制作笔记和记笔记的研究。

豪博士的研究旨在评估不同笔记类型的效率。效率评定的根据，是看学生根据自己的笔记能够复述多少内容，而这可以显示出他们对笔记的理解是否完整和全面。他们还必须能够使用笔记以达到复习的目的，譬如考试时能够准确调用并作出正确的反应，因为考试时不可能再去看笔记。下面是几种不同类型的笔记，从最坏到最好依次是：

1. 原封不动地按顺序记录。
2. 按个人风格记录。
3. 用句子总结后按顺序记录。
4. 用句子总结后按个人风格记录。
5. 按关键词记录（有时候，这一方法被证明极端无效，因为接受信息的人不能够引起合适的联想）。
6. 按个人风格的关键词记录。

豪博士的研究显示，简洁、有效率和积极的个人风格对成功的笔记有至关重要的作用。

2.4 对大脑造成的不良后果

反复不断地使用效率不高的制作笔记和记笔记方法，会对大脑造成一系列不良影响：

- 大脑会因为被错误地使用而产生排斥反应，进而使我们丧失集中注意力的能力。
- 当我们研究复杂的问题时，我们养成了在笔记上做笔记的习惯，这是很浪费时间的。
- 我们会对自己的大脑能力和自我失去自信心。
- 我们无法像小孩子或是那些知道如何学习的人那样充满热情地学习。
- 我们得忍受无聊和挫折的痛苦。
- 学习越用功，进步越小，因为我们无意间展开了与自我的搏斗。
- 我们的方法事倍功半。可是我们需要的，是一种可以事半功倍的方法。

纽约的一个女孩子，在9岁的时候是个成绩很不错的学生；到10岁的时候，她的成绩有所下降；到11岁的时候，成绩再次下降；到12岁时，她成了一名差生，几乎读不下去了。她本人、老师和家长对此都感觉很奇怪，因为她一向是努力学习的，每年都同样刻苦，而且很明显是个聪明的孩子。

她的父母让我去见见她。经过长时间令人伤心的谈话之后，她突然眼睛一亮，说："有一点我是一年比一年做得好的。"

"哪一点？"我问。

"我记的笔记。"她回答说。

她的回答让我豁然开朗，因为这就解开了疑团。为了在学校取得好成绩，她认为必须把笔记做得更多、更好。对她来说，"更好"就是说"字句完整"，而且尽量逐字逐句地记，更加符合传统的"整齐"概念。结果，她在毫不知道的情况下，把越来越多的时间花在这项活动上，使她误解并忘了正在学习的一些东西。曾经有一位记忆力非常好的俄国人谢里雪夫斯基（Shereshevsky），有意使用了这种办法，目的是让自己忘记一切！一旦这小女孩认识到自己所做的事情后，她就尝试使用思维导图，逆转了原来的倾向。

下章简述

我们已经可以看出，目前制作笔记和记笔记的方法只使用了大脑庞大的学习潜力的一小部分。我们还知道，拥有"杰出头脑"的天才使用了人人都具备的大脑技能中更多的部分。有了这些知识作为后盾，我们可以进而研究下一章的内容，看看发散性思维——一种更清晰、更自然和更有效的使用大脑的方法。

3

发散性思维

当你品尝到熟透的梨、闻到花香、听到音乐、看到小溪、摸到心爱的物品，或者仅仅沉湎于回忆之时，你的大脑中会出现什么呢？答案既简单又复杂得令人惊奇。

进入你大脑的每一条信息——每一种感觉、记忆或者思想（包括每一个词汇、数字、代码、食物、香味、线条、色彩、图像、节拍、音符和纹路）——都可以作为一个中心球体表现出来，从这个中心球体可以放射出几十、几百、几千、几百万只钩子。每只钩子代表一个联想，每个联想都有其自身无限多的连接及联系。你已经使用到的这些联想，可以被认为是你的记忆、你的数据库，或者你的图书馆。作为使用这个有多重钩子、有多重坐标的信息处理和存储系统的结果，你的大脑已经包含了信息的图谱，即使是世界上最伟大的绘图师也会对此感到无比诧异，如果他能够看到的话。

3.1 超级生物电脑

你大脑的思维模式也许被看作是一个庞大的“分支关联机器”——一台超级生物电脑，它的思维线条从几乎无限的数据节点发散开去。这个结构反映了构成大脑物理结构的神经元网络。它同样呈现了我们所见的自然世界——一片树叶的纹路、一棵树的枝干，抑或是浩荡的亚马孙河沿着无数的支流穿过世界上最大的雨林。快速的计算可以揭示出，你大脑中已存在的信息条目的数据库，以及因此而产生的联想，是由无穷多个数据关联组成的。

图 3-1 超新星爆炸

3.2 无限的存储量

有些人把这种庞大的数据库作为停止学习的借口，说他们的大脑几乎已经被“填满了”。而且，由于这个原因，他们不打算再学习任何新的东西，因为他们需要为“真正重要的东西”留下空位。其实没有理由担心这一点。因为，神经生理学的研究告诉我们，即使你的大脑在100年的时间里，每秒钟输入10条数据（每个条目都是一个简单的词汇或者图像），那仅仅占大脑存储量的不到1／10。

这种惊人的存储量之所以可能存在，是因为构成我们新陈代谢过程的通路复杂得令人难以置信。

一个新陈代谢通路的子项都复杂得令人惊叹——不管你已经存储了多少数据，也不管你已经进行了多少联想，生发新模式和思想组合的潜力都是它的无穷倍。你越以整合、发散性和有组织的方式学习和收集数据，你就越容易学习到更多。

发散性思维（来自“发散”这个词，意思是“向各个方向传播或移动”，或者从一个既定的中心向四周辐射）指的是，来自或连接到一个中心点的联想过程。

“发散”的其他意思也都相关：“明亮地闪耀”“散射着快乐和希望的明亮眼神”以及“陨石雨的中心落点”——与“思想的爆发”相似。

3.3 发散性思维图像

发散性思维体现了大脑的内部结构和程序。思维导图是它的外在表现，而且能够通往大脑的无限思维能量库。

思维导图总是从一个中心点开始的。每个单词或者图像自身都成为一个子中心或者联想，整个合起来以一种无穷无尽的分支链的形式从中心向四周发展，或者归于一个共同的中心。

尽管思维导图是在二维的纸上画出来的，但它可以代表一个多维的现实，包含了空间、时间和色彩。

图 3-2 枫树枝干间透过的阳光，体现思维导图构造；阳光的发散，体现发散性思维的基本属性。

下章简述

在学习如何使用这个有力的工具之前，理解生成思维导图的大脑的工作原理是极为重要的。发散性思维是一种自然和几乎自动的思维方式，人类所有的思维都是以这种方式发挥作用的。在我们思维过程的进化发展中，我们将自己局限于单一线性思维，而不是全面多维发散性思维。一个会发散性思维的大脑应该以一种发散性的形式来表达自我，它会反映自身思维过程的模式。如我们将在下一部分看到的一样，思维导图的样子就是那样的。

思维导图是一项提高创造力和生产力的技巧，它能提高个人和组织的学习效率。它是用文字抓住灵感和洞察力的一套革命性方法。

安东尼·J.门托，雷蒙德·M.琼斯

罗耀拉大学EMBA课程教授

帕特里克·马蒂内利

霍普金斯大学EMBA课程教授

THE MIND MAP BOOK

第二部分
欢迎进入思维导图世界

人脑不是按照工具条和菜单的方式进行思维的，它像所有自然生物一样进行着有机思维——像神经系统或树枝。要进行良好思维，人脑就需要能反应这一自然有机思维的工具。思维导图正是这一工具。它是从线性（“一维”）到横向（“二维”），再到发散性或者多维思考迈进所必不可少的下一个主要步骤。

了解了大脑的运作机制和潜力之后，第二部分将深入到单词和图片的孪生世界，通过头脑风暴和联想技巧帮你释放非凡的大脑能量。这一过程为表达和启发大脑潜力奠定了基础，将思维导图的核心规则和过程呈现了出来。

思维导图定义

思维导图是用图表表现的发散性思维。如我们在第3章看到的一样（我们将进一步深入了解），发散性思维过程也就是大脑思考和产生想法的过程。通过捕捉和表达发散性思维，思维导图将大脑内部的过程进行了外部呈现。本质上，思维导图是在重复和模仿发散性思维，这反过来又放大了大脑的本能，让大脑更加强大有力。

4.1 思维导图的特征

思维导图是一种可视图表，一种整体思维工具，可应用到所有认知功能领域，尤其是记忆、创造、学习和各种形式的思考。它被描述为“大脑的瑞士军刀”（见图4-1）。

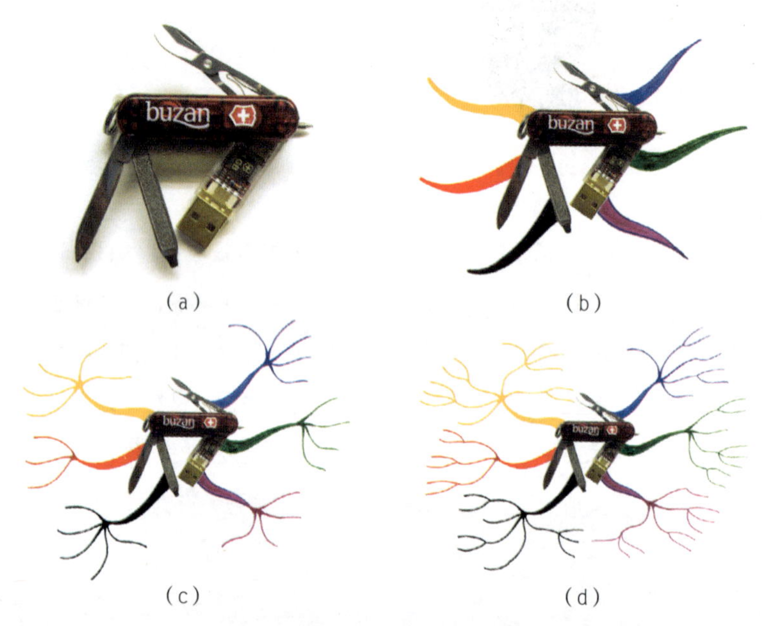

(a) (b) (c) (d)

图 4-1

(a) 仅有中心图像的思维导图 (b) 基本要点和一级分支
(c) 二级分支出现 (d) 更多次分支出现

1. 中心图像用来捕捉主要内容——比如，如果你使用思维导图筹划一本书，那么你可能在中央放上这本书的图画。

2. 分支从这幅图画向四周散射。首先被分成各大主题，附在中央图画上，然后次主题也以分支形式表现出来，附在上一层分支上。

3. 分支由一个关键图像或者印在相关线条上的关键词构成。

4.2 加强思维导图

制作思维导图时，越有新意越好，所以，你可以通过添加颜色、图片或者维度（将词汇和图片变成三维）来丰富它。你也可以通过添加特殊代码前后对照各分支或者添加各种特征，让它个性化。尽可能地赋予思维导图视觉冲击力，可以增加它的效果——人脑对图片和颜色反应更佳，所以思维导图越有新意，结果就越好（见图4-2）。

无论何时需要使用大脑，你都能用思维导图加强思考和记忆。产生想法、记录和加工信息，或者进行项目是一些最常见的运用，其实任何需要使用脑力的活动都可以运用。

4.3 思维导图无所不在

思维导图的有效性在于它多样的形状和形式。思维导图从中央发散出去，运用曲线、符号、词汇、颜色以及图片，形成一个完全自然的有机组织。每当我们看到树叶的纹路或者树木的枝干，我们就看见了大自然的“思维导图”。思维导图模仿脑细胞的无数突触和连接，揭示了我们自身的产生和连接方式。就像我们一样，大自然也在不停变化和更新，也拥有与我们类似的交流结构。思维导图是一个天然思维工具，以大自然中这些天然结构的有效性和灵感为基础。

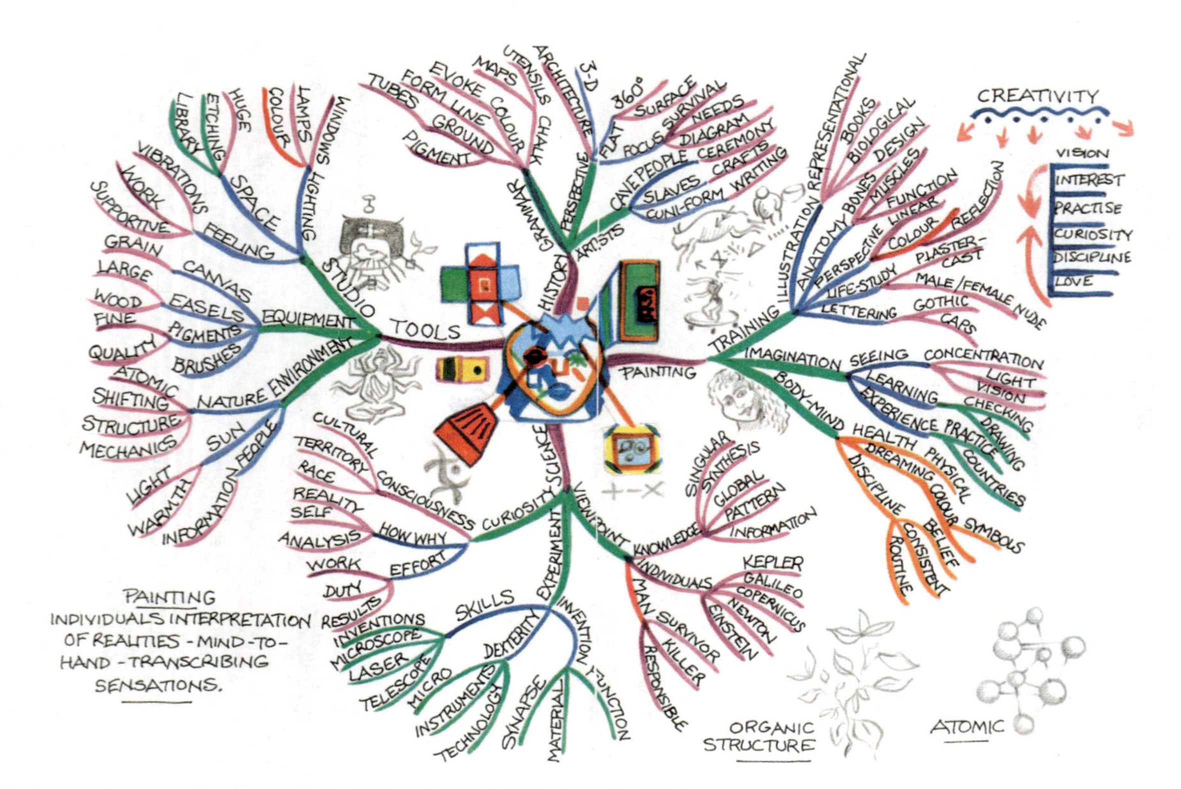

图 4-2 罗琳·吉尔的思维导图——有关创造力本质：艺术家的视角

图 4-3　蒲公英花头体现了思维导图的结构以及发散性思维的概念

下章简述

现在让我们一起看一下词汇和图片头脑风暴如何开启你那神奇的想象力和联想力，而这本身构成了制作有效思维导图的基础。

使用词汇

本章要深入探讨大脑发散性思维的信息处理系统。通过头脑风暴练习，你会深入了解你自己和别人作为个人所具有的独特之处，并发现大脑联想机制的巨大潜力。

5.1 小型思维导图练习

这个快速练习表明，无论性别、地位、国籍，每个人都运用发散性思维将关键词和关键图像进行瞬时连接。这是一切思维的基础，也是思维导图的基础。

你将完成一个表达“幸福”这一概念的思维导图。在这个词上生发10条分支，表示10种关键词联想。这不是一个测试，完成时间不应超过1分钟。可以的话，邀请一群人和你一起进行练习——但是练习过程中不要互相参照。

5.1.1 做练习

写下“幸福”一词，然后将它圈起来。以它为中心，画10个分支。在每个分支上写下你一想到幸福这个概念就会联想到的词。写下最先想到的词是至关重要的——无论它多么荒唐。如果你想要加入更多的词，就多画几条分支。

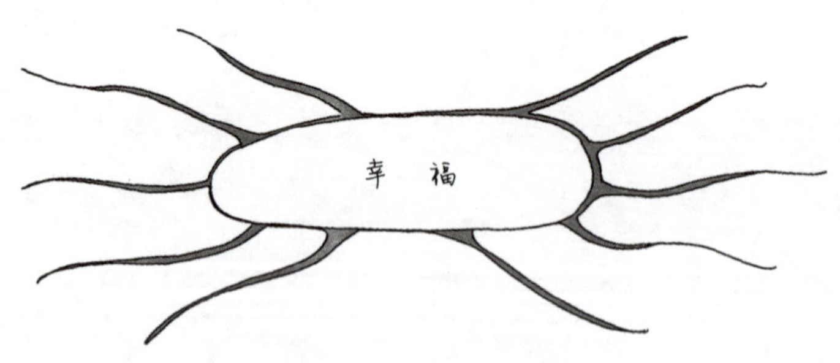

图 5-1 “幸福”练习

5.1.2 分析结果

你觉得想出10个词容易吗？你想的不止10个吗？添加更多分支时，

你有没有一种“顺畅”的感觉？

大多数人发现一旦开始进行词汇联想，词与词之间便会一直连锁下去。有点像在网上跟踪链接，读完这个内容，链接又会带你去到那个内容。然后周而复始。大脑正是以这种方式工作，思维导图打开了联想和连接的通道，激活了自由思考和创造的潜力。

5.1.3 分析小组结果

如果你是自己做练习，可以直接与笔者做的思维导图比较。

在小组练习中，你的目的是要找到那些与同一组里的其他人共同的词——这些词汇必须一模一样，例如“太阳”与“阳光”就不是一模一样的。

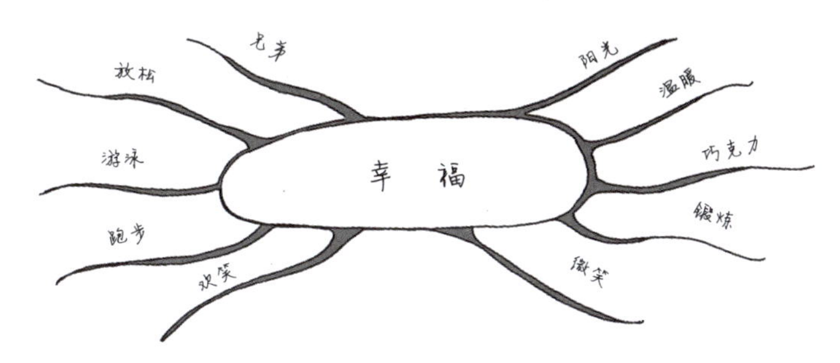

图 5-2 “幸福”练习样例

在统计结果前，每个人都应该单独私下里预计一下，看着组里所有成员多少词汇是一样的，多少是人人都一样而只有一个人是例外，再看有多少词汇只有一个人使用了。

当你完成这个练习并作出估计之后，把你记下来的词汇与朋友或熟人选的词比较一下。

大多数人预测，肯定会有很多词汇是全组人共同的，而只有极少数的词汇是个人独有的。可是，试了几千次之后，我们发现，要是在4人小组中发现了一个词汇是所有成员共同的，那就算是件稀奇事了。

组里的人越多，发现全组人共同使用的词汇的概率就越小。

5.2 联想机制的巨大潜能

可以考虑一下，你所感受到的每一处场景、每一种声音、每一种气味、每一种口味或感觉——不管是有意识感觉到的，还是近似有意识感觉到的——都像一个微小的放射中心，数以百万的联想会从这里发散开来。

现在可以试着把这些联想都记下来。

但这几乎是不可能的，因为你每次记下什么东西的时候，你都会想到已经写下的东西。这会产生另外一个联想，而你会想到将这个联想记下来，如此等等，无限反复。人脑可以进行无限制的联想，我们的创造性思维潜力也一样没有限制。 平均来说，人脑有无数“用过”的联想。这广大无边的网络可以被认为是你的记忆，或者个人参考资料库，也可以被认为是你整个有意识和近似有意识的自我。

5.3 人的超凡特性

人人都比我们想象得独特。对于同一个词、图像或者想法，各人产生的共同联想甚少。这个事实说明，我们每个人都非常神奇、非常与众不同。你的大脑里，包含着几十亿甚至上百亿没有任何人共享的联想，过去、现在、将来都是如此。

如果我们找到一块特别的矿石，我们会如何称呼它？“宝石”“珍贵”“珠宝”“无价”“稀有”“宝物”“少见”“美丽”“无以替代”。有关的研究显示，我们应该把这些词汇用来描述我们自己和与我们同样的整个人类。

人类超凡的特性有许多好处。例如，在任何头脑风暴或者解决问题的情形中，思想的内容越是不一样，效果就越好。因此，每个人也都构成了这个过程中极有价值的部分。

图5-3 单个大脑信息“单元”的示意图

在更广泛的社会环境中，所谓“有过失的”“不正常的”或者“怪模怪样的”行为，按照现在这种新的眼光看来，往往都是“与常规行为有合适的偏差，却带来更多的创造性”。这么说来，许多明显的社会问题实际上最终都可能成为解决其他问题的办法。

这些练习的结果，还突出了把人看作一个集体，而不论其个性的危险。注重我们的个性，可以帮助我们消除个人和社会间的误解和冲突。

联想练习显示出了人类大脑无限的潜能，不管是“有天赋的”人，还是先前被认为是“平庸的”人。这些练习因此也解放了许许多多认为自己在很多方面有缺憾的人。任何人，只要他进行本章描述的“幸福”练习，他就能体会到大脑的瞬间爆发。 理解联想的差异可以帮助我们回避影响交流的情感还有逻辑陷阱。

伦敦一个贫穷的城区里有一个8岁的小男孩，他以前被人们看成是个几近白痴的小孩，他的老师这么看，他自己也是这么看。在他完成了“幸福”练习之后，我问他是否能在自己已经写下的10个词中的任何一个词中找到进一步的联想。他停了一会儿，写了2个，然后抬起头来，眼中开始闪耀出启蒙后的火花，问我：“我能继续写下去吗？”我说：“写吧。”他就认真地写了下去，就好像是第一次下海去的人。接着，他书写的速度越来越快，一发不可收，词和联想喷涌而出。他的整个身体姿势变得急切、有活力和幸福。他一边在纸上写着，一边叫喊着：“我是聪明的！我是个聪明人！”他是对的，只是对他的教育没有跟上。

下章简述

如果大脑的发散性思维能力可以应用到词汇这个“左脑技能”上，那么同一种能力能否用到想象和图像这类“右脑技能”上呢？下一章将探讨这个问题。

使用图像

本章讨论的内容以大脑研究的最新成果为基础，诠释了为何“一图值千字”那句老话这么重要。这些知识，结合本章要描述的一些实战练习，会让你进入想象力这个庞大的仓库，而95%的人的想象力现在都还处于休眠状态。

6.1 词汇联想练习

用白纸和钢笔完成下列练习。大部分人都认为大脑是用语言思考的。让我们拭目以待。首先，你要从大脑这个巨大的数据库中搜寻一条信息。你事先没有时间考虑。需要你搜寻的这条信息是一个词汇，在问题的最下方，现在请先思考以下几个问题：

1. 你能搜寻到这个词吗？______________________________
2. 你花了多长时间才搜寻到？__________________________
3. 你搜寻到了什么？________________________________
4. 它有颜色吗？____________________________________
5. 有没有因为这条信息产生联想？______________________
6. 如果有，是什么？________________________________

需要你搜寻的词汇就是：苹果。

在继续阅读前，回到前面的问题，快速写下你的答案。

分析结果

1. 毫无疑问，答案是肯定的——每个识字的人都可以搜寻到这条信息。

2. 搜寻应该是瞬间完成。

3. 研究表明，无论年龄、性别、种族、语言等，所有的反应都是一个图形或图片。当你在脑海里念出或“听到”这个词时，你或许已经看到了红色、红褐色或者绿色的苹果，知道是哪种类型的苹果。或许看到了圆圆的形状，或许将它与蔬菜沙拉、早餐麦片、奶昔联系起来。这个意象会瞬间形成，仿佛来路不明，而且你不可能做的是想象这个词的字母。

4. 有。大多数人会如此回答。

5. 有。而且这些联想永远都是因人而异，与感官相关。

6. 各式各样，可以是树，也可以是电脑。

通过本练习得出的发现将影响你余生的头脑风暴、创造力和创新力。

6.2 用图形进行思考和交流

几百年来，人们都以为思考的主要形式是词汇。但是现在，人们已经意识到思考的主要形式是图片和联想。人们使用的词汇只不过是传递大脑间图片意象的货船。

无论翻译是什么——apple，pomme，mela，苹果，manzana，apfel，uŋλo，maçã，ябπoko——人们必须寻找到一种可以互相交流这种特定水果概念的方法。一些人决定用一个“词”——任何发音都可以，只要他们同意用这个发音来传递这种意象。大脑注意的中心永远都是意象。

大脑的惊人能量已经由以上苹果联想练习得到充分证明。你几乎可以对它进行瞬时搜索——你必须找到它，将它与其他词汇以及与它相关的所有书面及口头记忆进行比较。这是一个随机分配给你的任务——你的大脑必须做好准备面对无数有可能被选中的名词，但是它却能够瞬时搜寻到随机给它的词汇。不可思议！但是你做到了。而且生命中的每一天，你都不停地在上演着这种神奇，只是你并未留意。这又是一次叹为观止、近乎不可能的表现。

如之前所说，苹果的意象将瞬时出现，仿佛来路不明。那么，在大脑决定搜寻它之前，这个意象在哪儿呢？颜色又存储在哪儿？所有的联想又储存在哪儿？其实意象早就存储在你的大脑里了，你需要的仅仅是调动它。于是，我们可以知道，我们是以图像而非词汇的形式进行思考。

6.3 一图值千字

《科学美国人》（*Scientific American*）杂志曾刊登了由拉尔夫·哈柏（Ralph Haber）从事的一项十分有趣的研究的成果。这位心理学家和视觉感知专家给受试者看了2 560张幻灯片，每10秒钟放一张。受试者需要7小时才能看完全部幻灯片。可是，观看时间被分成了很多单独的时间间隔，可以在好几天里完成。最后一张幻灯片放过1个小时后，受试者接受了辨识测验。

每个人都看到了2 560张幻灯片，一张是从刚看过的2 560张中挑出来的，另一张是很相似但没有看过的。平均来说，他们辨识的准确率在85%~95%。

哈柏确认了大脑作为一个接收、保持和提取信息的机器，它的准确性是无与伦比的，接着又以测试大脑的辨识速度进行了第二项实验。在这个实验中，每秒钟放一张幻灯片。结果是一样的。实验显示，大脑不仅有超凡的牢记和回忆的能力，而且可以在不损害准确性的情况下以令人难以置信的速度做到这一切。

为了进一步测试大脑，哈柏又进行了第三项实验，还是每秒钟放一张幻灯片，不过，这次放的是镜像。结果又是一样的，说明哪怕播放的速度很快，在三维空间内，大脑还是可以在不损害效率的情况下分辨出图像来。

哈柏评论说："这些视觉刺激实验说明，人类对图片的辨识能力天生就不错。如果我们放的不是2 500张，而是25 000张幻灯片，结果可能还是一样。"

另有一位研究者尼克森（R.S.Nickerson），在《加拿大心理学杂志》（*Canadian Journal of Psychology*）上报告了一些实验结果。他在实验中让受试者以每秒一张的速度看600张图片，随后让他们立即接受辨识测验，平均准确率为98%!

随后，尼克森像哈柏一样扩大了研究，把图片数量从600增加到10 000。他强调说，他的每张图片都非常“逼真”（也就是说，是一些醒目、难忘的图像，跟思维导图中使用过的一样）。受试者们对这些图片的辨识准确率达到了99.9%。假设能够忍受些许无聊和精力枯竭的情况，尼克森和他的同事们估计，如果受试者们看到的不是1万，而是100万张图片，他们也许能够认出986 300张来——也就是98.6%的准确率。

引用古老格言的说法：“一图值千字。”其原因在于，这些图片使用到了大量的大脑技能：色彩、外形、线条、维度、质地、视觉节奏，尤其是想象，“想象”这个词来自拉丁语，字面意思是“用大脑画图”。图像引发广泛的联想，加强了创造性的思维和记忆。

以上所有表明，95%的人制作笔记和记笔记的时候不用图像，是一件多么可笑的事。

6.4 人人都能画画

拒绝使用图像的原因，可能是现代人对词汇的强调过于突出，使其成为信息的主要传递工具。但是，原因也可能在于，许多人（错误地）认为，他们无法画出图来。此外，图画往往被认为是幼稚的，或者创造图画是少数人才有的才华。

我们和其他人，包括艺术家贝蒂·爱德华兹博士（Dr. Betty Edwards）和罗琳·吉尔（Lorraine Gill）已调查过这个领域。在这些实验中，有高达25%的受试者说，他们没有视觉化的能力；超过90%的人认为，他们天生就不会以任何方式画图或者画油画。而进一步的研究表明，只要是有“正常头脑”的人都可以通过学习达到艺术学校优等生的水平。

很多人认为他们没有认识到这一点，其原因在于他们没有意识到，大脑通过不断的实验以后总是会成功的。相反，人们把最开始的失败看作自己根本不行，认为自己的才能不过如此。

更全面理解人脑后，我们开始意识到，必须在画画的技巧和词汇表达的技巧之间建立某种新的平衡。如今，计算机和PDA（个人掌上电脑）识别到了这种联系，并通过图像、图形用户界面、Facebook、YouTube和虚拟世界如“第二人生”实现了词汇和图片的相互连接。从个人层面上看，这就表现在思维导图上。

图 6-1　反映思维导图和发散性思维有机属性的箭袋树

6.5 小型思维导图画图练习

用一大张白纸和一些水彩笔完成下面练习。

与前一章讲解的“幸福”练习一样，不同的是，放在中央的是一个图画，围绕着这个中心图画的10个分支中，每一道分支线上都画着一些“联想”画。

在这样一道练习题中，大家必须克服怕画得太“差”的心理。不要管起始画得多么差，因为人脑有不断尝试后就会成功的特性。这些练习会形成第一个阶段，在这个阶段上一定而且不可避免地会有进步。

做练习

开始的时候，画“家”是个好主意，因为它可以提供很多机会，让人产生联想，一个图接着一个图地画。想象你心中家的样子，然后把它画出来。可以是温暖的小舍，也可以是荒凉的岛屿——重要的是，它必须是你心中的家。从这幅图片上延伸出10个粗枝干，用不同的颜色把它们区分开来，并给每一个枝干画上与家相关的图片。就像单词练习那样，你想画的可能不止10个。你可以想画多少就画多少，但要记住把它们画在连接主干的新枝干上（参见图6-2）。

慢慢进行这项练习，想让它多绚丽就可以多绚丽——最重要的是，要乐在其中。是时候唤醒你那些艺术细胞了。

图 6-2　菲尔·钱伯斯使用“家”及其快乐联想所完成的小型思维导图练习示例。这个例证说明了如何使用中央图像和七大分支加强你的视觉“精神肌肉”。此类视觉联想练习将助你释放大脑皮层视觉功能的强劲能量，提高使用图片进行强调和联想的记忆储存和回忆能力，清除使用图片进行学习的障碍。画图有助于激发大脑，而图片本身也能带来审美乐趣。

下章简述

了解了图片的重要性以及如何通过练习增强自信和绘画技巧以后（记住人人都能画画），你现在需要把图形和词汇这两个世界合并起来，直至形成完整的思维导图。

图像和词汇的结合

本章向你介绍在思维导图中综合使用图像和词汇的方法，以及通过思维导图理顺思维的技巧。要想真正了解这一过程，我们需要潜入思维导图制作人员的大脑进行考察，看看一张思维导图是如何“从里到外”被建立起来的。

7.1 驾驭所有的皮层技能

思维导图以一种独特、有效的方法驾驭全部皮层技能——词汇、图像、数字、逻辑、节奏、颜色以及空间感。它可以给你畅游大脑无极限的自由之感。

你原来的10个词汇或图形从中央“幸福”概念发散开来，其中的任何一个词汇也可以按照一模一样的方式发散它自己的联想，并形成词汇和图形的组合。通过词汇和图形的“自由联想”，你可以拓展完成自己的思维导图。

7.2 无限练习

看一下图7-1以“幸福”为概念的词汇思维导图，你会发现下面的扩展版中，原来的10个词汇字号较大一些，词汇下面的线条比其他次一级的线条也粗些。这可以强调它们作为最早从大脑产生出来的10个关键词的重要性。思维导图中的连接越丰富，你的记忆力越高级、越强大。

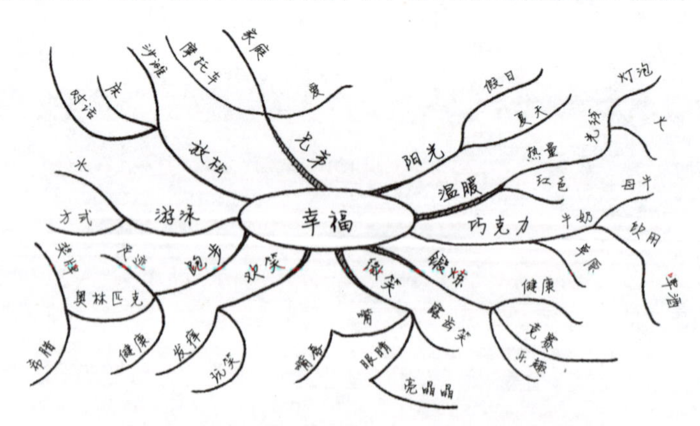

图 7-1 “幸福”练习扩展，含有基本词汇的思维导图

对10个关键词或图像进行“自由联想”，用线条将这些自由联想连接起来，然后将这些词汇清晰地写在与自己长度相等的线条上，这样一来，便可以建立如上图所示的词汇思维导图之“树”。你会发现上图中的10个关键词字号较大一些，词汇下面的线条也较粗一些。

7.3 层次和分类——你的能量词汇

为了控制和应用巨大无边的大脑威力，你需要用层级和分类来组织你的思想和思维导图。

第一步是要确认你的基本分类概念。基本分类概念是一些关键的概念，在这个概念之下，其他的一些概念才能组织起来。例如“机器”这个词，它包含许许多多的门类，其中的一种是“机动车”。这个词本身又派生出一个很大的范围，其中的一种是“小汽车”。“小汽车”本身又分出一大堆类型，包括掀背式轿车，而掀背式轿车本身又往下分出许多不同的车型来。

从这个角度看来，“机器”比“车辆”这个词厉害得多，因为它包括而且潜在地组成了许多的信息。“机器”不仅暗指一组分类项，而且同时把这些项目放到它的次级层次顺序里。

同样地，这个层次结构可以向上扩展到更高的分类级别。如“人工制品”这个词，它就把“机器”包括在它的子项里面。这些能量很大的词汇或者基本分类概念是形成并驾驭联想创造性过程的关键。换句话说，如果你就这个主题写一本书，它们就是各章节的标题。

1969年，由鲍威尔（Bower）、克拉克（Clark）、莱思高尔德（Lesgold）和温金茨（Winzenz）进行的一项经典研究，说明了层次对提高记忆力帮助作用的重要性。在这项实验中，受试者分成2组。

每组看4张卡片，每张卡片上写28个词。

第一组看的词按组织好的层次排好。例如“乐器”这个词放在顶上，下面有一些分支，如“弦乐”和“打击乐”；再下一层，又有一些分支，在“弦乐”下面有“小提琴”“中音小提琴”和“大提琴”，而在“打击乐”下面有“定音鼓”“铜鼓”“小鼓”等。

第二组看到的词与第一组一模一样，只不过毫无顺序。然后再测试2个组回忆这些词的能力。如你现在所猜到的，第一组比第二组强多了。

7.4 进入思维导图应用者的大脑

这是一个“进入”思维导图熟练运用者的大脑观察他们如何将自己的想法发展成思维导图的机会。在这个过程中，你将有机会运用已经学会的所有技巧，甚至一些新方法。

图7-2由表达幸福概念的中央图形开始。颜色和维度被用来加强这一形象。

第一个出现的基本分类概念是“活动”。这个词写在连接着中央图形的粗曲线上，线条长度与词平齐。

一连串的联想喷发——一条帆船、一颗心、一个跑动的人和“分享”这个词都从“活动”这个概念中发散出来。

应用者的大脑现在又迅速跳跃到另一个基本分类概念——“人类”上。这个词写在思维导图的左边，字也较大，也用一条粗线连在中央图形上。

又是一阵思想的喷发——“家庭”“朋友”“表演者”“支持者”“动物”都从这个关键词发散出来。

这些发散出来的次级概念本身又生成了许多再次级词汇。“家庭”这个词衍生出“兄弟”“妈妈”“爸爸”。“表演者”衍生出“魔术师”“演员”“小丑”。“支持者”后面生成了“医生”“护士”“老师”和“教练”。

下面的三个词都是基本分类概念（“食物”“环境”和“感觉”），在思维导图上也按照它们的准确含义给它们安排合适的位置。“环境”这个词引发了一张群山的照片和“乡间”这个词。

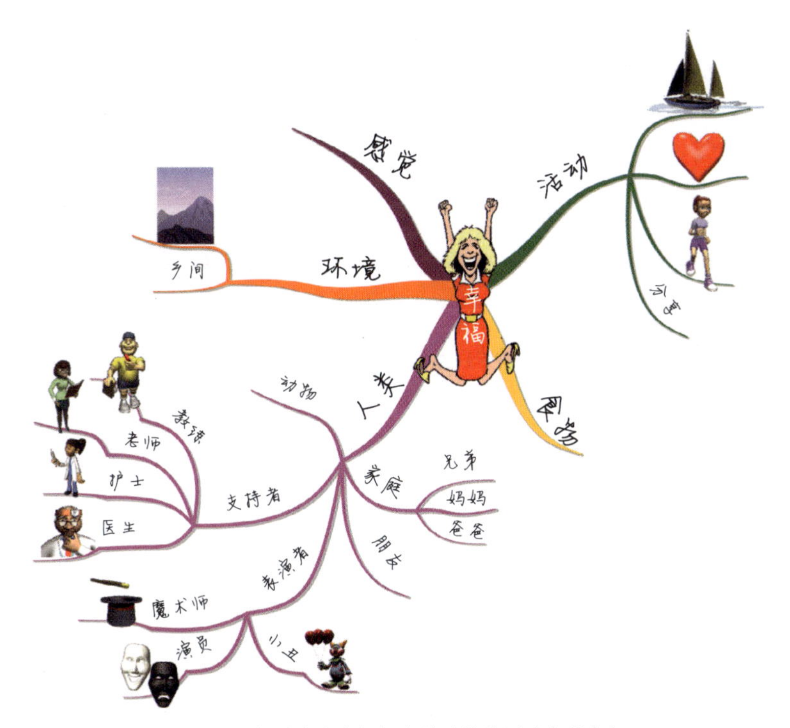

图 7-2　探讨个人幸福概念的思维导图（发展中）

到这时，我们暂时停一下，看看目前已经做的这些事有什么含义。

到目前为止，我们创造的任何一个关键词或者关键图形都可以放在一张新的思维导图的中央，而且还能够再一次向外发散，产生一组新的联想。

请记住，任何思维导图都可以说是无穷无尽的。按照它的发散本质，每个加到思维导图上的关键词或者关键图形都可以自成一体地产生无穷多的联想可能性，依次而下，永无穷尽。这也表明了任何正常的人脑都具有无限联想和创造的属性。

被人们广泛认可的一种观点，即生成新的观点比编辑和组织这些观点要困难得多，这个说法与我们目前的事实完全相反。如果我们的思维导图能力是无限的，那么唯一的困难在于，什么时候应该停下来？

对照而言，以列表形式出现的线性笔记与大脑思维的工作原理正好相反，因为它们生成一个概念，接着又故意从其上一级概念或者下一级概念处删掉它。不断地使一个概念与其环境割裂开来，就会阻碍和损害自然的思维过程。

列表会抑制大脑自由自在的活动，最后使它完全停下来，从而形成很狭窄的思维神经通路，进而不断地减弱创造力和降低回忆的可能性。

列表之所以会造成这样的后果，其原因在于，它们与大脑的联想本质形成直接的对抗。当一个概念确定下来时，它就“停下来了”，与其前后的概念彼此分开。可怕的全球统计数据显示人类的创造性想法越来越少，这其中重要的因素之一就是新想法被不断地扼杀。

我们再回到思维导图应用者中来。我们发现应用者出现了思维障碍（当然这一“障碍”只是理论上的，因为思维导图可以帮你克服它）。这样的思维障碍会让一些人在几秒钟、几分钟、几小时或几年内，有时候甚至一辈子都傻愣着。不过，一旦了解了大脑的无限联想本质，你就有了帮助它自救的能力。

利用大脑求整体的运作倾向（求完整的天然属性），我们的应用者只是在思维导图上的关键词汇处加了一些空白的线条，诱使大脑自己去“填充”那些令人产生无限联想的空白区域。人脑一旦意识到它可以在任何两个事物之间建立联想，它就会几乎自发地找到关联，尤其是在有了别的刺激来触发它的时候。

这里，我们要注意思维导图是如何基于联想的逻辑而不是时间的逻辑形成的。思维导图向各个方向延伸，从不同角度理解各种概念。

从这里开始，我们的应用者完成了联想网络：添加更多的图形；第二层、第三层和第四层的概念；把不同的区域连起来；合适的代码；并在一个主要分支完成时添加了大纲。

想出足够多的概念以后，我们的应用者决定进一步理清这些概念的顺序，给它们编上号，这样就意味着给思维导图编上了先后顺序以供不时之需。

7.5 完全思维导图

正是使用了层级和分类才把完全思维导图与前面描述的小型思维导图区分开来。在小型思维导图里，最开始出现的10个词和图形之所以很重要，就因为它们是最先出现的。而在完全思维导图中，它们是按照其内在的重要性来定位的。

发现主要基本分类概念的一个简单办法，可以从提问看出来：

- 需要什么样的知识？
- 如果是一本书，章节的名称是什么？
- 我的具体目标是什么？
- 在所考虑的领域当中，最重要的七个分类是什么？
- 我的基本问题是“为什么？”“是什么？”“在什么地方？”“谁？”“什么时候？”“怎样？”通常都足可以作为一张思维导图的主要分支（它们是公认的“6W”，或者更严格地说是“5W，1H”，可起到不错的提示作用）。
- 如果要将这些包括进去，更大的分类是什么？

如果这些问题不能提醒你的基本分类概念，那么尝试一下整体思维方法。从一个中央图形或者主题词开始，并从这里画47条分支线，再问上述几个问题。

或者，可以再回到小型思维导图方法上去，写下最先想起来的10个词或者图形，再问自己其中哪些是可以合并成一类的。

7.6 完全思维导图练习

快速浏览这个例子。根据目前所学，把“幸福”作为中心概念进行思维导图创作。确保你的思维导图用到了图像、文字、基本分类概念、分级、分类、序号、维度和代码。对照图7-2这个完全思维导图检验你自己的思维导图。

下章简述

现在你已进入完全思维导图，准备学习更多思维导图的基本准则，它们将帮你释放全部思维和创造潜力。

思维导图操作手册

如果你在商店购买一台高清电视，它会附带什么？一本使用手册。如果你在网上订购一台打印机，它可以附带下载什么？一本使用手册。人脑会附带什么呢？没有使用手册。本章向你介绍思维导图和大脑的使用手册。它向你介绍能助你制作真实完全思维导图的所有技巧和准则，引导你极大地提高思维的准确度、创造力和自由性。一旦你理解和掌握了思维导图的规则，你就能够更快地形成自己的思维导图风格。

8.1 思维导图中的三个“A”

在许多东方古国，教书先生传统上都是先让新学生记住三个教导：“听话”“合作”“变化”。这三个教导分别对应一个特定的学习阶段。

“听话”的意思是，学生要模仿老师，只有在必须的时候才要求澄清疑问。别的任何问题只能记下来，到下个阶段再问。

“合作”是第二个阶段。这时，学生已经掌握了一些基本知识，开始通过提出合适问题的办法来巩固并整合信息。在这个阶段，学生会协助老师分析和创造。

“变化”意味着彻底学习完老师教的一切东西以后，学生应该继续大脑智力进化的过程，这样才能表达对老师的敬意。按这个方法，学生可以把先生的知识当作自己的起步平台，并创造出新的洞察力和范式，成为下一代的老师。

这三个教导在思维导图中对应的就是“接受”（Accept）、“应用”（Apply）、“改编”（Adapt）。

“接受”是第一阶段。你应该把对自己大脑的种种成见撇在一边。严格按照思维导图规则，尽量惟妙惟肖地模仿给定的范式。

“应用”是第二阶段。这时候，你已经完成了本书的基本训练。我们建议，此时，你最少画100幅思维导图，把本章中的全部规则和建议都用进去，建立自己的思维导图风格，并在接下来几章尝试勾勒不同类型的思维导图。应该在制作笔记、记笔记等各个方面都用思维导图，直到它成为你组织思想极自然的方式。

“改编”是指不断地发展自己的思维导图技能。练习过好几百幅“纯正”思维导图之后，就到了开发自己思维导图创造力的时候了。

8.2 思维导图技巧和准则

这些技巧和准则是用来促进而不是阻碍大脑自由发展的。在这种情况下，不要把生硬的秩序与混乱的自由混同起来，这一点很重要。秩序经常被看作代表生硬和羁绊的负面词。同样地，自由也经常被误解为混乱和没有条理。事实上，真正的精神自由是从混乱之中创造秩序。

8.3 突出重点

突出重点是改善记忆和提高创造力的重要因素之一。突出重点所使用到的一切技法都可以用在联想上，反之亦然。下列规则使你能够在思维导图中做到适度而且最有效地突出重点。

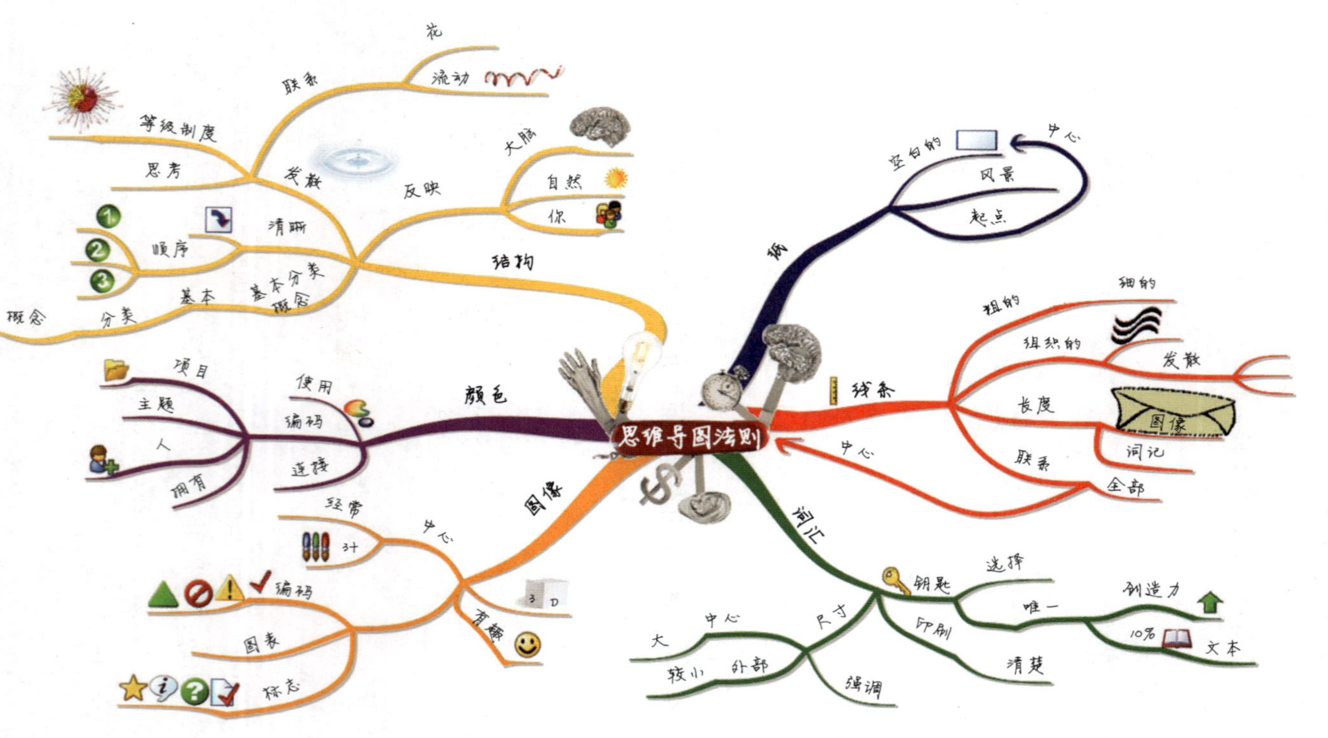

图 8-1　思维导图法则及使用方法

8.3.1 一定要用中央图像

图像可以自动地吸引眼睛和大脑的注意力。它可以触发无数的联想，并且是帮助记忆的一个极有效的方法。另外，图像还很有吸引力——在许多层面上都是如此。它吸引你，它使你感到愉悦，它使你高兴，促使你注意它。如果某个特别的词（而不是图像）在思维导图中是绝对要处于中央地位的，这个词也可以通过增加层次感、多重色彩和吸引人的外形来变成一个图像。

8.3.2 整个思维导图中都要用图像

只要有可能，就要用图像，这会得到上述的种种好处，还可以在你的视觉和语言皮层技能之间建立刺激性的平衡，提高你的视觉感触力。

如果你把害怕画不好的担心放到一边，试着画比如说一只蝴蝶。也许你对第一幅画会不太满意，有时候，你可能觉得画得不像个样子！但是，最重要的是，你已经试过了，下次你看到蝴蝶的时候，会想到更仔细地观察它，以便于记住它的样子并重新画出来。这样一来，在思维导图中使用了图像后，你会更加注意现实生活，进而努力提高描述真实物体的能力。你将有机会像达·芬奇一样通过观察、学习、分析和模仿来开发你的感官能力。

8.3.3 中央图像上要用三种或者更多的颜色

色彩会增强记忆力和创造力，使你避开单色引起的乏味。它们会给图像带来活力，使其更为生动。

8.3.4 图像和词汇的周围要有层次感

层次使事物“突现”出来，而任何突出的事物都会使人很容易记住，也便于交流。这样，思维导图中最为重要的一些因素就可以通过三维的图像得以强调。

8.3.5 要用通感（多种生理感觉混合）

只要有可能，你就应该在思维导图中多使用一些有关视觉、听觉、嗅觉、味觉、触觉和动觉（肌肉感觉）的词或者图像。许多著名的记忆大师曾用这一技巧记住了大量信息，许多伟大的作家、诗人也曾用这一技巧让文学创作更加富有趣味性和影响力。

例如，在荷马的著名史诗《奥德赛》这本惊人的记忆大作中，他使用了全部的人体感觉，来描写尤里西斯（Ulysses）在长年围攻特洛伊之后返回家园时的激动和旅途的险恶。在下列这个情景中，尤里西斯不慎触怒了海神尼普顿（Neptune），惹得海神掀起滔天骇浪来报复：

正说着，大海在他眼前掀起了一阵狂风恶浪，小船又摇晃起来，将他抛出船外，一把摔得老远。他松开了头盔，可狂风的蛮力如此之大，桅杆被拦腰折断，船帆和帆桁都刮到了海里。尤里西斯沉在水里很长时间，他只能竭尽全力挣扎到水面上来，因为海神尼普顿赠给他的衣服实在太重。他的头终于露出了水面，吐出了流进嘴里的苦涩海水。哪怕是这样，他还是盯着自己的船，奋力朝它快速游去，抓住它，翻身又爬上了船——他要逃避被淹死的厄运。大海紧攫住小船不放，猛烈地摇晃着它，如同秋风吹得蓟花在路面上飘来飘去。一切就好像东南西北风一起在玩着板羽球游戏。

请注意这里的节奏、重复、序列、意象、提及的各种感官体验、运动、夸张、色彩和感觉，这一切都包含在一个令人难以忘怀的、精彩的段落里。

被称为“S”先生的谢里雪夫斯基就是用通感帮助自己记住一生的几乎每一个时刻。前苏联心理学家亚历山大·鲁里亚（Alexander Luria）在他有关“S”先生的《记忆专家的思维》一书中报告说：

对于“S”来说也是这样的，只有词汇的意义才是最重要的。每个词在他的脑海里都会激起一个图像的效果。他异乎常人的地方是，他的图像无与伦比地生动、牢固。另外，他的图像无一例外地与通感成分联系在一起。

8.3.6 运动感

运动也是一个主要的助记手段，可用来促进思维导图。你的词汇、图片、整个的思维导图都可以移动——就像迪斯尼乐园制作的一些令人难忘的、精彩的动画片。为了让你的图像移动起来，你只需用下面的一些技巧为图片增加合适的视觉动感符号。

8.3.7 字体、线条和图像的大小尽量多一些变化

大小的变化是表明层次当中相对重要性的一个最好的办法。扩大尺寸可以突出重点，因而也就增大了想起它来的可能性。

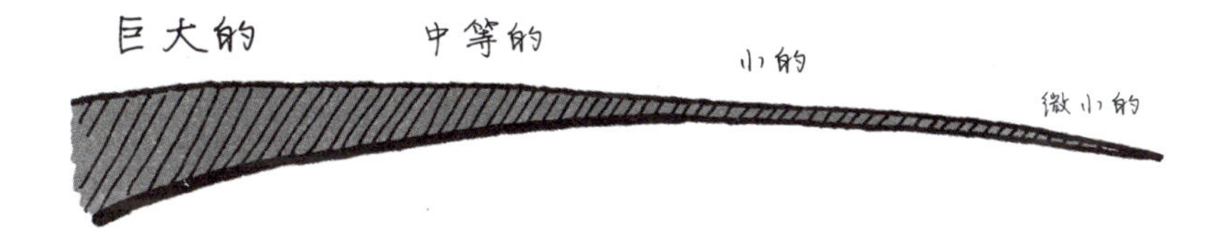

8.3.8 间隔要有序

安排有序的间隔会增大图形的条理性，有助于层次和分类的使用，让思维导图“敞开”供人添加，看起来也美观得多。

8.3.9 间隔要恰当

每个条目之间空出一定的地方，会使思维导图秩序井然、结构分明。从逻辑结论来看，各条目之间的空间可以与条目本身的重要性相比。例如，在日本插花艺术中，整体布置的基础是鲜花之间的间隔。

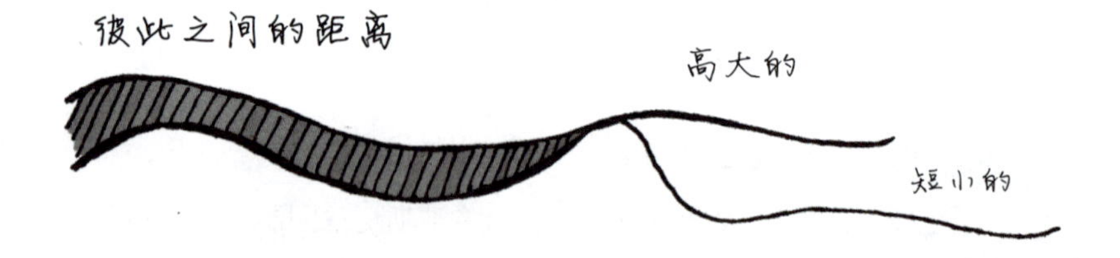

8.4 发挥联想

联想是改善记忆力和创造力的另一个重要因素。它是人脑使用的另一个整合工具，目的是要让我们的生理体验产生意义，这是人脑记忆和理解的关键。联想的力量可以让大脑进入任何话题的深层次。

正如已经提到的一样，任何用于联想的方法都可以同样用于强调，反之亦然。

8.4.1 要在分支模式的内外作连接时，可以使用箭头

箭头可自动地引导你的眼睛，把思维导图中的一个部分与另一个部分连接起来。它们可以是单向的，也可以是多向的，大小、形式和维度

都可以变化。它们给你的思想一种空间指导。

8.4.2 使用各种色彩

色彩是加强记忆和提高创造力最有用的工具之一。为了编码或是在思维导图的特别区域里加上特别的颜色，可以专门选择一种颜色，这会使你更快地吸收信息，会改善你对这个信息的记忆效果，并提高创造性想法的数量和范围。这样的颜色代码和符号可以一个人做，也可以在一个小组里进行。

对于你的大脑来说，色彩是一种极为惊人的有力工具。有了它，你可以做很多加强思维能力的事情：组织、分类、强调、梳理、编码、分析以及学习。色彩会刺激你，动用更多的脑细胞工作，在吸引你的同时，增加你的记忆能力。另外，色彩可以增加你的创造力，而且十分有趣。就算色彩带来的好处只有这其中的一种，它也仍旧是你所拥有的最有力的思维工具之一。在思维导图和思维过程中使用色彩，你和你的人生将更加丰富多彩！

8.4.3 使用代码

代码会让你在思维导图的各个部分之间快速建立联系，不管这几个部分在纸上看起来有多么无关。代码可以是钩、叉、圆圈、三角形或者下划线，也许，它们还可以更精致一些。使用代码也可以节省很多时间。例如，你可以在自己的笔记中使用很简单的一组代码来代表人、项目、经常反复发生的一些事情或者经过。

代码可以通过简单地使用颜色、符号、形状和图形来巩固和强化层次与分类。它们还可以用来把原始资料（如传记参考等）与思维导图联系起来。

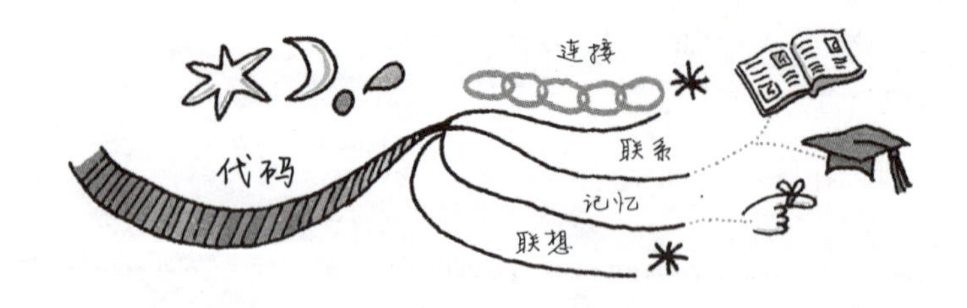

8.5 清晰明白

模糊不清会妨碍感知。保持清晰明白，可以帮助联想思维和回忆更加流畅。

8.5.1 每条线上只写一个关键词

每个单独的词都有上千个可能的联想。每条线上只写一个词会给你带来联想的自由，如同给一个肢体装上了额外的关节。重要的词组并没有丢失，所有的选择也得到了保留。

8.5.2 所有的字都用印刷体写

印刷体都有一个较为固定的字形，因此也更易于让大脑"拍照"。额外花费的时间，由于快速的创造性联想和回忆会得到更大的补偿。用印刷体还会显得简洁，大写和小写字母可以用来显示单词在思维导图上的相对重要程度。

8.5.3 线条的长度与词本身的长度尽量一样

这个规则容易让词和词之间尽量靠近，因而也就有助于产生联想。另外，所节约的空间也让人能够囊括更多的信息在一张思维导图上。

8.5.4 线条与线条之间要连上

把思维导图中的线条彼此连上容易使思维也连接得更为紧凑。线条可以变成箭头、曲线、圆圈、圆环、椭圆、三角形、多边形，或者从大脑这个无限的仓库里随便想出个什么形状来。

8.5.5 中央的线条要粗些

线条加以突出以后，立即向你的大脑发出一个信号，让你注意中心思想的重要性。如果你的思维导图是处在探索阶段，也许你会发现，在思维成图的过程中，一些周边思想实际上比中心思想更重要。在这些情况下，你只需在适合的地方把外围的线条加粗一些。有机的曲线条会更大程度地增强视觉兴趣。

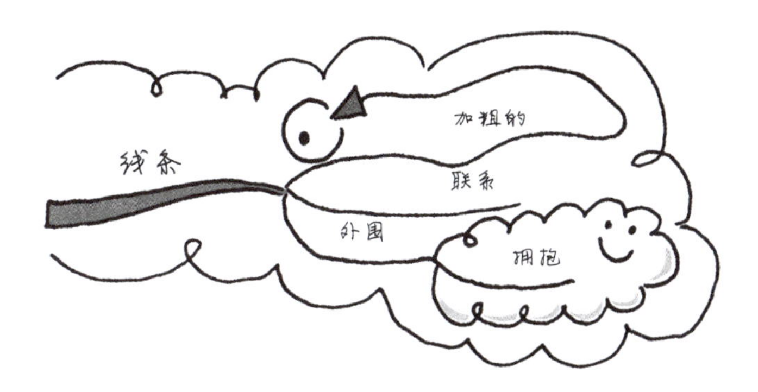

8.5.6 将思维导图的分支设计成不同形状

导图中每一个分支完成后，都会具有一个独特的外形。这个独特的外形可以激发包含在这个分支里的信息记忆。对于更高级一些的记忆专家而言，这些外形可以成为“活的图片”，极成功地强化回忆起来的可能性。

许多人在小的时候，经常无意识地干这样的事情。比如，你有没有在阳光灿烂的日子外出躺在草地上，仰望蓝天白云？如果有的话，你多半会对着飘动的白云想：“啊，那儿有只羊！”“有只恐龙！”“有条船！”“有只鸟！”……你的思维在根据随意的外形构造图像，因而也就让外形更易于被记住。同样地，在思维导图中创造外形，会帮你在一个更容易回忆的形式里组织许多数据。这样收集信息，叫作“零打碎敲”，是非常有名的助记法。

8.5.7 图形画得尽量清楚些

外部的条理性会有助于内部的思维条理。清晰明白的思维导图看起来更顺眼，也更吸引人。

思维导图十大要诀

1. 使用正确的纸笔

确保使用横向格式的白纸——横向页面比竖向页面能容纳更多信息，而且能与广阔的外围视野相匹配。根据思维导图任务选取一张大小合适的纸（开始的时候最好选大的！），并确保手头有许多彩笔和荧光笔。

2. 跟随大脑给中央图像添加分支

中央图像会引发大脑产生相关联想。请遵循大脑给出的层级。不要太想在一开始就建立一个良好的结构。通常情况下，好结构按照大脑的自由联想就可以自然形成。你可以在分支之间自由移动，也可随时回到前一个分支添加新内容。

3. 进行区分

主枝干包含你的基本分类概念，因此需要特别强调。用大写字母书写它们。对于次级枝干上的文字，可以用大写，也可以用小写。

4. 使用关键词和图片

枝干上只添加可以在以后帮你回想观点的内容——一个词或一幅图足矣。要最大限度地发挥左右半脑的协同作用，很重要的一点就是让所有分支、文字和图片形成一个有机整体。文字有多长，枝干就多长。

5. 建立联系

不时地鸟瞰一下你的思维导图。寻找思维导图内部内容的关系。用连线、图像、箭头、代码或者颜色将这些关系表现出来。有时，相同的文字或概念会出现在导图的不同分支上。这并非不必要的重复；正是发现新主题的思维导图带着你的思维在这个主题穿行。强调突出这些重要发现是很有帮助的。这可能引发范式转变！

6. 享受乐趣

放松你的大脑（比如，放一点音乐），不要太“用力”思考。让你的思维自由联想，把你的想法以个性化、生动化的形式写在纸上。乐趣是进行有效信息管理的关键因素。竭尽所能地利用一切让思维导图的制作过程充满乐趣（音乐、绘画、色彩）。

7. 复制周围的图像

只要有可能，应该尽量复制其他一些好的思维导图、图像和艺术作品。这是因为，你的大脑天生就会通过复制并根据复制的东西再创造新图像或新概念的方法来学习。你的网状组织激发系统（这是大脑中一个复杂的“编组站”）会自动地寻找那些能改善你的思维导图技巧的信息。

8. 让自己做个荒诞的人

应该把所有“荒诞”或者“愚蠢”的想法都记录下来，特别是在制作思维导图的起步阶段，还要让别的思想也能从中流溢而出。这是因为所谓荒诞或者愚蠢的想法通常都是一些包含了重大突破口和新范式的东西。而且，根据它们的定义，也都是远远超出常规的东西。

9. 准备好工作空间或者工作环境

跟你所使用的材料一样，你的工作环境可以唤起你消极、中性或者积极的反应。因此，工作环境应该尽量舒适，让人心情愉快，以便让思维进入良好的状态。尽可能使用自然光，自然光对人眼有放松作用。确保有足够的新鲜空气——大脑最主要的食物之一是氧气。确保房间温度适宜，温度太低或太高都会分散你的工作精力。恰当地布置房间，确保使用质量最好的椅子和书桌，其设计应尽量使你保持轻松舒适的笔直姿势。好的姿势会增加大脑供血，改进感知力并加强精神和身体的耐力。此外，设计良好、吸引人的家具会使你产生使用工作空间的欲望。

为什么要制造良好的周边环境呢？因为学习经常与惩罚联系在一起，许多人下意识地就把自己学习或工作的地方设计成一个囚室的样子。要把自己的地方布置成一个不断想去的地方，哪怕你脑海中没有什么明确的学习任务。在墙上挂几张好看的画，铺上一块好的地毯——这些小改变都会使你的工作空间变成一个受欢迎并且吸引人的好地方。

10. 让它难忘

大脑有追逐美的自然倾向。因此，思维导图越是引人注目和色彩丰富，你能记住的东西就越多。因此，花点时间给分支和图像上色，并给整幅图增加一些层次和添加一些装饰。

8.5.8 让纸横向放在你面前

横向的（风景画）格式比纵向的（人物肖像）格式给你更多的自由和空间来制作思维导图。人物肖像格式的缺点是很快就会让你的笔记堆挤在纸的边缘。横向的思维导图读起来也容易些。没有经验的思维导图制作者经常是转动纸张，而人和笔却保持原地不动。这在制作思维导图时可能不会引起任何麻烦。可是，在重新阅读思维导图的时候，却需要你极力扭曲身体，这些高难度动作足以用来考验一位瑜伽大师的功力！

8.5.9 让思维导图尽量笔直

让思维导图笔直可以使大脑更容易想起图中表达的内容。如果尽量让线条保持横向，思维导图读起来会容易得多。试着控制最大角在45度。

8.6 复习思维导图

如果要积极地记住自己的思维导图，比如为了考试或者某一特别项目的目的，可以做好计划，在一定时间内复习。这会使你能够完善或者修改某个图区，在任何可能遗漏的地方加入内容，强化特别重要的联想。

进行了1小时的学习之后，最好按下列时间间隔复习一下思维导图：

- 10～30分钟之后
- 1天之后
- 1周之后
- 1个月之后
- 3个月之后
- 6个月之后

到这个时候，思维导图会成为持续的长期记忆的一部分。

8.7 快速检查思维导图

复习思维导图的时候，应该时不时快速地做一些思维导图简图（只花几分钟时间），总结出你可以记起来的思维导图原图。这样做的时候，你实际上是在重新创造和更新自己的记忆，它再次表明创造力和记忆力不可分割。

如果你只检查思维导图原图，你的大脑会持续依赖思维导图的外部刺激才能辨认出已经做过的事情。而另一方面，制作一幅新的思维导图，会使你在没有外部刺激的时候检查出你能够记忆的东西。尔后，你可以把结果与原图比较，并调整任何错误、不一致或者遗漏的地方。

在学习和完善思维导图技巧的过程中，你会遇到一些挫折，所以在此简单了解一下，并考虑可能的克服办法，也是不无必要的。

思维过程中突然没有了想法……

放下思维导图去做别的事情。新点子通常是在小憩之后冒出来的。将这些点子添加到你的导图上，让它们催生出更多新的联想。

开始涂鸦、作画、上色。美化你的思维导图可以催生新想法。最近的研究表明涂鸦手实际上是更出色的思想家！一幅思维导图可以被看作以思想为内容的“超级涂鸦”。

增加空白线条。记住大脑寻求完整的趋向——画上一些空白分支可以诱导大脑进行创造。

8.8 四个危险区

开始做思维导图的人通常容易陷入以下四个危险区，如果你认真学习了思维导图操作手册的准则，你可以避免以下这四个危险区：

1. 弄出一些实际上不是思维导图的思维图。
2. 认为词组比单个词更有意义。
3. 认为“乱七八糟”的思维导图没用。
4. 对思维导图产生一种消极的情感反应。

所有这些危险区都可以很容易避开，只要你记住下述原则即可。

8.8.1 实际上不是思维导图的思维图

有一些图并非真正的思维导图，如各种流程图、鱼骨图、概念图和生产作业图。图8−2所示的这些图形通常是初学者画的，他们还没有完全掌握思维导图的规则。

乍一看，它们都像是思维导图，而且好像遵守了思维导图的基本原则。可是，有好几处是不一样的。当两个图都往下发展时，它们会越来越乱，越来越单调。另外，所有的想法都归结到了同一个层次上，彼此互不相关。

因为忽视了条理清晰、重点突出和联想丰富的规则，看起来好像会往秩序和结构上发展的东西，事实上导致了混乱、单调和没有条理。

8.8.2 认为词组更有意义

矛盾的是，一个分支一个词的规则看似限制了自由联想，实际上却能给认知和其他智力因素极大的自由。为什么会这样呢？我们来假设一

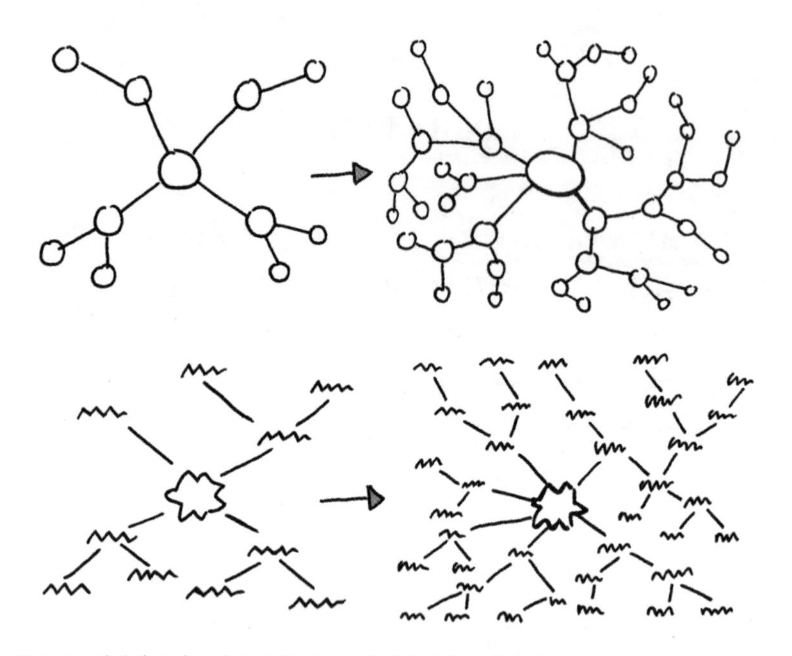

图 8-2　并非真正意义上的思维图。这些结构通常被称为杂乱图表或蜘蛛图表，会导致混乱、单调或无序的想法。仔细分析，图中包含了多少种大脑皮层的技能，而更重要的是，它没有包含哪些?

下：有个人度过了一个非常不开心的下午，想用思维导图记一篇日记，如图8-3所示。

图8-3好像是整个“非常不开心”的下午的充分记录。但是，仔细一瞧，有好几个缺点就一目了然了。这个记录使日后修改变得很困难。这个词组表达了一个固定的概念，对产生其他任何可能的想法没有形成开放的展开。

对比而言，图8-4把整个词组分成了各个词，让每个词都有从其自身联想发展的自由。这一点的重要性可以在图8-5中看得更为明白。

图 8-3　标准的词组笔记，乍一看信息充足，仔细一瞧，它包含了危险的谬误。

更进一步，则可以产生图8-6所示的思维导图，你可以看到，整个下午的主要概念就是“高兴”，重点在“不”字上。你可能是生病了，可能是遭到了很大的失败，或者听到了某个特别坏的消息，所有的一切都是真的。同样真实的是，整个下午可能也有一些好的事情（阳光可能在天空闪烁，哪怕只是闪烁了一下！），而这一点，用单个词或者图像就能让你真实地记录下来。

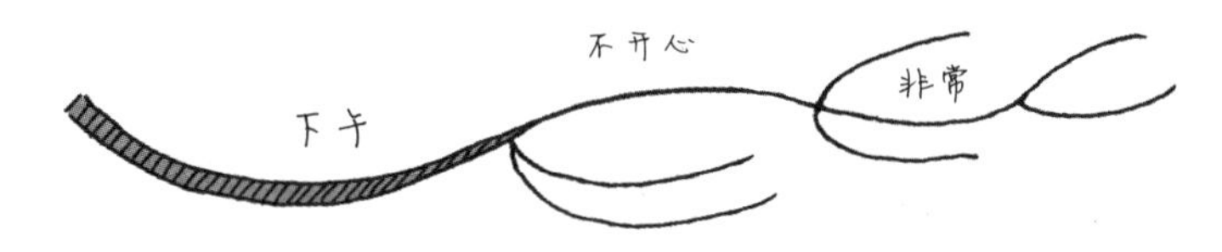

图 8-4　更为简洁的笔记，它示范出一种自由，使每个词可以自成一体地向外发散。

图 8-5　按照完全思维导图规则制作的笔记，使制作笔记的人可以更全面、密切、真实和平衡地反映现实。

最坏的情况是，消极的词组会让人们抹去生命中的几天、几年甚至几十年。“去年是我一辈子中最差的一年。”“我上学的几年完全是在地狱里度过的！”这是常听人说到的两个例子。

如果这样的想法反复出现，它们最终会披上真实的外衣。可实际上，它们不是真实的。当然，我们时不时地都会遇到失望和挫折。可是，总还是有一些积极的因素在里面——如果没有别的，起码我们都还活着，都还能意识到自己的压抑！更何况我们还有时来运转的机会。

在思维导图中使用单个词会使你更清楚、更现实地看到自己的内心和外部环境。它还会起到平衡作用，使你看见问题的“另一面”。思维

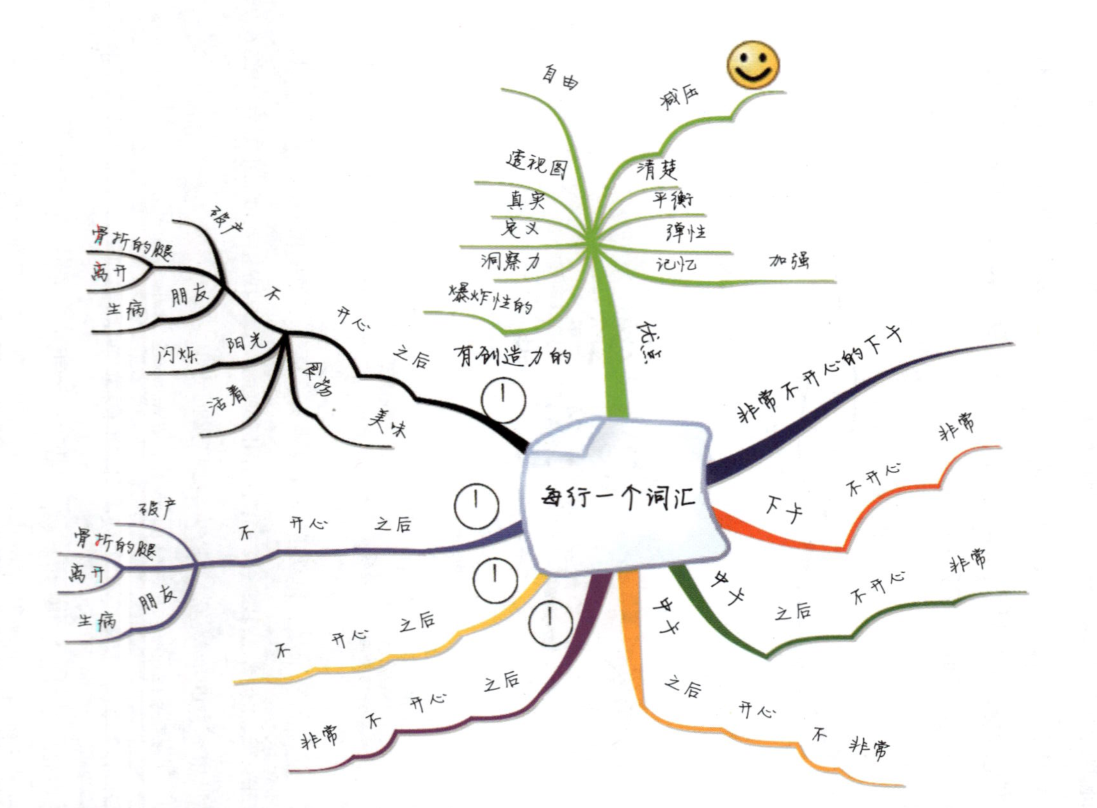

图 8-6　这幅思维导图描绘了短语表达逐步发展成适当思维导图表达的过程（如左上分支所示），以及应用这一过程的好处（如顶端分支所示）。

导图在解决问题和创造性思维时特别有用，因为它打开了思路，可以接受任何别的选择。“单个词汇”规则使你的每一个思维点拥有探索无限可能的机会。它解放了你的思想！

8.8.3 认为“乱七八糟”的思维导图没用

在某些情况下，比如你没有时间，或者在听一个令人困惑的讲座时，你可能会画一幅看起来“乱七八糟”的思维导图。这并不是说这幅图就很“差”。它只是反映了你当时的思维状态，或者大脑当时所接受到的东西。你那“乱七八糟”的思维导图可能缺少清晰的条理，看上去也不美，可是，它还是准确地反映了你在制作这张导图时的思维过程。把它看成一个“初稿”，你可以通过调整和重组形成最终的导图。计算机思维导图极易做到这点。

意识到这一点，会使我们减少负疚和自卑。看着自己画的思维导图，会使自己意识到，思路不清晰、乱七八糟和混乱无序的，不是你自己，而是那个讲课的人或者某一本书的作者！

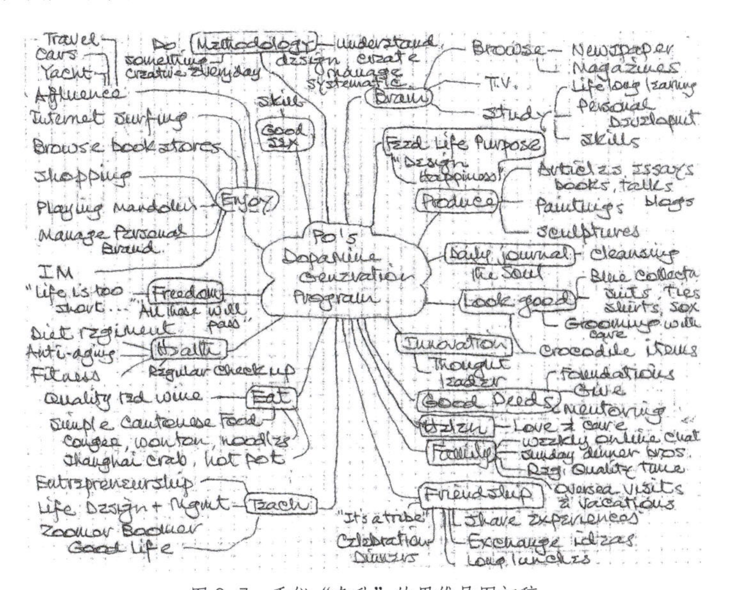

图 8-7 看似“杂乱”的思维导图初稿

8.8.4 对思维导图的消极情感反应

有时候，你可能一次就能画好“最终”的思维导图，可大多数时候还是只能画出“初稿”。如果你对自己画的思维导图水准不甚满意，甚至大为失望，你应该提醒自己，这只是第一稿，还需要修改才能趋于成熟。

下章简述

本章你已经学习了所有的技巧、准则、要诀以及考虑到了可能遇到的困难，现在你可以思考怎样制作真正属于自己的思维导图了。下一章，即“思维导图艺术”，将解释如何通过使用思维导图来展现自己的个人技能和独特的方法，以强化思维导图。

思维导图艺术

思维导图为改进眼手间的配合、开发和磨砺视觉技巧提供了很好的机会。稍加练习之后，你已经学会的一些图像制作技巧就可以将你的思维导图带入艺术的王国。这样的思维导图可以让你的大脑表达自己的艺术个性和创造个性。

图 9-1　克劳迪亚斯·勃拉制作的思维导图。表述基本准则（根部）的应用如何带来有益的结果！

9.1 为什么思维导图要具有艺术性

通过花时间制作更具艺术性的思维导图，你会惊讶地发现自己的艺术和视觉感知技巧得到了飞速提升。这反过来会加强记忆力，减少压力，使人放松，从而有助于自我挖掘以及最终树立自信。挑战自己，让自己构思思维导图中可用的创造性观点和图片，可以培养你的创造性思维技巧。如果你从未花时间画过图画，那么画图是找到你内心的艺术细胞的一个理想又可行的办法。

9.2 如何给思维导图带来艺术性

观察下面艺术思维导图的样例，通读整个故事——一看便知它们是多么个性化——而你，也可以通过练习，发展出自己的个人风格。

制作思维导图的主要工具就是彩色钢笔或铅笔、荧光笔、大号白纸（水平格式）以及耐心和创新的眼光。同样要记住，上一章讲过要真正加强思维导图，你应该给它带来大小对比和层次感——让它脱离单一平面！

制作富有艺术性的思维导图比制作标准思维导图要花费更多时间，所以试着将它看成一个过程——不要急于求成——而且，最最重要的是，要享受其中的乐趣。这正是唤醒自身创新细胞的时刻。

刚开始时，制作一张草图是很有帮助的，草图中，主要枝干各就其位，当然，在思考图片时，你还可以返回到主干。我们已经讨论过，一旦你想出一个图形，将会有更多的图形不断涌现而来，所以即使一开始你对画什么没有头绪也不用担心。如果你想不起某样东西是什么样子，就去花点儿时间观察一下，然后再回来画——思维导图是磨炼观察技巧的一大法宝。

另外，学习其他艺术家的作品、从中获取灵感也是不无裨益的。为什么不去参观一下艺术馆、浏览一些艺术书籍或者简单地研究一些轮廓和形式呢？选择看花、看楼还是看人都不要紧，要紧的是，你在用艺术思维导图训练你的艺术之眼。

树形思维导图（见图9-1）是一幅了不起的作品，为克劳迪亚斯·勃拉（Claudius Borer）所作。这幅普通的思维导图涵盖了一家成长中的公司基本的路径、主干和可能获得的“成果”。

图9-2是由凯西·德·斯特法诺（Kathy De Stefano）画的思维导图。她是一位营销顾问，画中表达的是她对于理想工作的想法。结果它不仅是一幅活泼、有创见的思维导图，还是一件极富创造性的艺术作品。

图9-2 凯西·德·斯特法诺制作的思维导图，表述她对理想职业的看法。

图9-3所示的思维导图是由约翰·吉辛克博士（Dr. John Geesink）画的。他是一位全球计算机工业顾问。他想不借助文字艺术地、幽默地表达“爱”的概念。所有看见过这幅图画的人都求他送给他们一些彩色复印件！

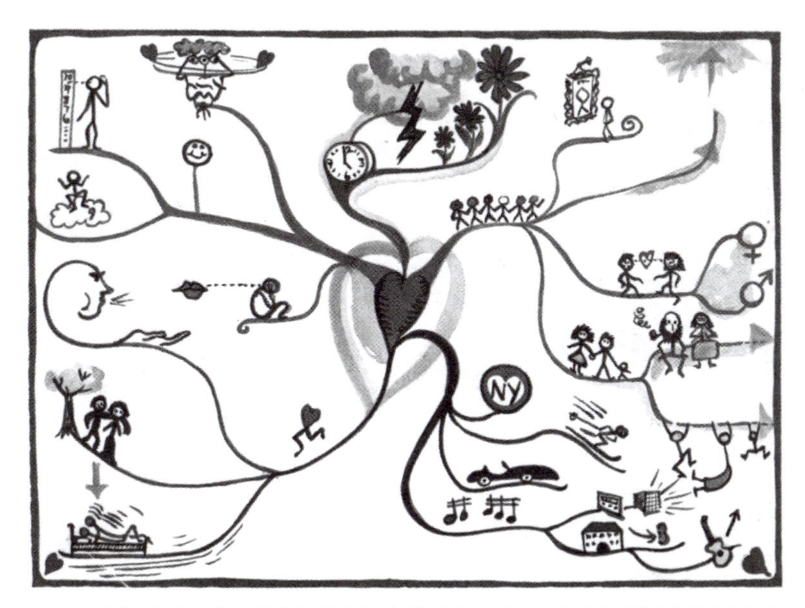

图 9-3　约翰·吉辛克博士制作的思维导图。该图没有用任何文字表现“爱情”这个概念。

就像许多人担心经济环境一样，来自新加坡的图姆（C.C.Thum）也意识到他需要加速一项行动计划，来迎接即将临近的危机。制作思维导图帮他应对了一大变化——失业。在此过程中，他也制作了一幅艺术性的思维导图。图9-4是全世界最大的思维导图，它由包括图姆在内的一群思维导图创作者创作。

图姆的故事

全球金融危机最终直接影响了我。我不仅被裁了，而且被裁当天就离职了，那是2008年。我无法相信这件事情发生在我的身上。

我之前使用过思维导图，于是，我觉得我有必要为发生在我身上的事情及应对变化的措施制作思维导图。一幅我在2006年所做的思维导图给了我方向。那是有关人生目标的，是我在参加完博赞思维导图研讨会后制作的。当时，我设想了自己的“退休时光”以及达到预设目标所需的行动计划。同时，我也能感觉到我全身心地享受思维导图的制作。我总是把工作放在首位，所以花在制作思维导图上的时间非常有限。但是，我并没有放弃我的梦想和热情。

被裁的事实和金融行业就业市场的低迷，让我将重心转移到制作和教授思维导图上。熬过失业时期的秘诀就是制作思维导图。你可以设想一些重要想法并用思维导图画出来。回头来看，我发现思维导图实际上让我不去担心我的未来，不去纠结公司裁我的原因。

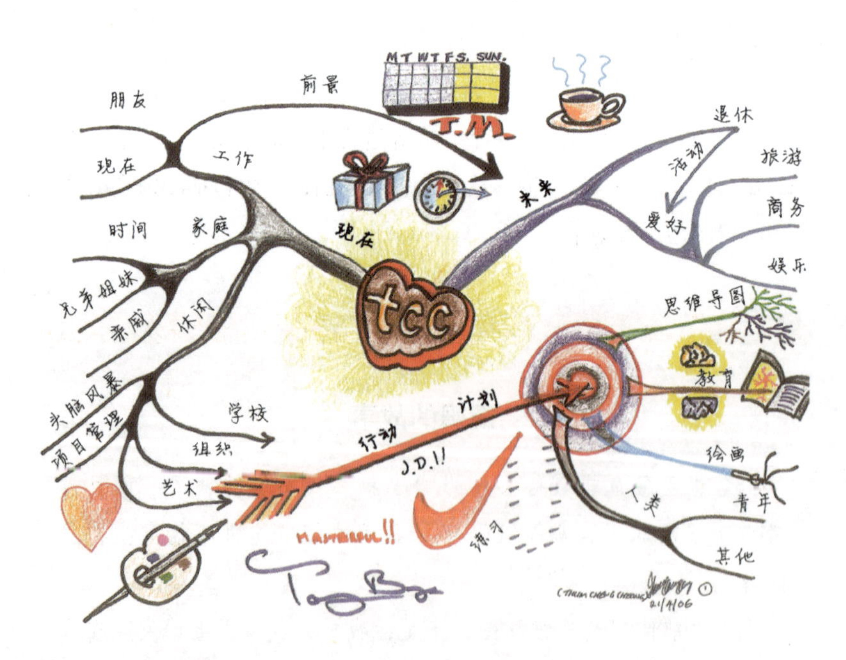

图 9-4　图姆的故事

9.3 一位伟大思维导图艺术家的故事

乌尔夫·埃克伯格（Ulf Ekberg），瑞典人，船长、计算机专家，参加过思维导图课程。他身上背负着很大的希望，因为他经常为公司期刊做卡通画，而且他也开始了肖像画和风景画的学习。在课程结束时，所有的学生都能完成他们的最后一幅思维导图，而他的大脑却一片空白！

怀着失望而又沮丧的心情，他在周末回了家，发誓要用几小时来以他梦想中的伟大方式结束这一课程。

他去了保存在后院的大船上工作，一定程度上是想让自己摆脱沮丧。那是斯德哥尔摩寒冬的一天，当乌尔夫完成了自己的任务后，他从船上滑下来，落到了约3米远的结冰的地面上。让他无比开心的是，他居然完美地站住了。但是，当他自信地迈步行走时，却重重地摔倒在地上，毫不夸张地说，他必须爬回去。医生后来确认他的两脚后跟上各有一处发丝状的细微骨裂，为此，他至少有2个月不能正常行走。

这种强制性的卧床让他恼怒不已，但怒火平息后，乌尔夫决定完成自己的一个人生目标——画一幅萨尔瓦多·达利（Salvador Dali）风格的作品（图9–5）。

他计划以单一图像制作一幅大师思维导图，综合融入他在课上所学的全部内容以及自己的解读和推测。在这些概念中，他希望包括：

- 反省——大脑看见自己。
- 古罗马人的理想：健全的头脑寓于健全的体魄；健全的体魄寓于健全的头脑。
- 对于大脑正常运转必不可少的因素：爱。
- 协作的大脑——部分之和大于整体。
- 时间这一变量。
- 大脑能够创造一切的能力。

- 暗喻平衡和自控的杂耍。
- 受过高级训练的大脑所具有的高度正义感。
- 地球上最大的大脑。
- 具有乐感的大脑。
- 生存这个基本问题。
- 爱因斯坦的相对论放到大脑这个领域中看，可以是一个无限联想的机器。
- 战争止于相互理解。
- 具有魔力的大脑。
- 错误是学习过程中可以接受的有趣部分。
- 一切已知界限的打破。

图 9-5　乌尔夫·埃克伯格用一种形象勾画的大师级思维导图

这是首例真正具有艺术性的思维导图，已经限量发行，并很快成为收藏爱好者的藏品。

对埃克伯格的思维导图艺术进行探究，可以让你了解到一些本章并未提及的观点，激发你进一步发展思维导图的个性化风格。

下章简述

现在你已经准备好将你的个人风格与你所学的思维导图规则结合起来了。下一章你就可以开始探索许多能够运用思维导图获取成功的思维任务。

就像所有的肌肉一样，大脑要想强劲有力，必须要接受训练。思维导图为你的大脑提供了完美的“锻炼”，提高了你的思考力、创造力以及记忆技巧。所有的训练都一样，练习越多，效果越好。

东尼·博赞

THE MIND MAP BOOK

第三部分
思维导图的基本应用

第三部分是你向思维导图应用迈出的第一步。在此，我们集中在基本应用上——记忆、创造、决策和组织他人的观点。

由于思维导图开始时主要作为一个记忆工具，所以在此，我们首先也探索为什么思维导图是这样一个有力的记忆助手，以及它怎样与古代“空间定位”记忆术相联系。接着，我们将探讨思维导图如何能快速轻松地产生比传统头脑风暴方法多倍的想法，以及如何能够给你的创造性思维增压。第三部分的最后两章将思维导图带入决策和组织信息的领域，为你继续学习第四部分有关思维导图在生活中全方位应用的内容做好准备。

用于记忆

如果你把“记忆”输入搜索引擎，你将得到数以亿计的条目，点击进入以后，你可以读到有关记忆力或记忆力训练的内容。这些内容有着一个共同点，即记忆力只有通过锻炼和训练才能表现良好。记忆力就像身体一样，如果你不锻炼，它便会变弱。本章向你介绍思维导图为什么是舒展锻炼记忆肌肉的完美器械。

10.1 历史上的思维导图

思维导图与记忆力有一种特殊关系。思维导图是在对回忆进行的研究中发现的。思维导图同样与古代的一种记忆技巧有所联系。早在公元前477年，一位来自塞奥斯的古希腊诗人西蒙尼德斯，发明了一种名叫“位置记忆法”的记忆术。由于可用书面材料很少，演说家和其他一些人常常通过想象一段旅程来记忆讲稿或其他东西，他们将所要记忆的事物安排在路线图上，然后通过追溯它们的足迹来一一回想。想象力和联想力是记忆触发器。古罗马人继承了这个方法，口口相传的传统得到了复兴，遗憾的是，纸质媒介的出现将它打入了冷宫。如今，许多年过去了，思维导图却运用了相似的原理。思维导图中的每一个分支都可以是一个“房间”，里面储存着许多东西，我们的想象力和联想力被用来触发记忆。

思维导图运用了所有的皮层技巧，全面激活了大脑，让大脑在记忆时更加灵敏、巧妙。思维导图的吸引力让大脑想要再看它，并再一次激发了自发回想的可能性。

10.2 思维导图如何提高记忆力

10.2.1 在放松的专注中储存信息

你是否记得这样一个时刻，考场上，有一个问题你怎么想也想不出答案？但是你却知道你之前是明明知道的。你越是集中精力去想答案，它在你的大脑中“隐藏”得就越深。直到你“放松”了自己的大脑，然后，不费吹灰之力，它就冒出来了，遗憾的是，为时已晚。

科学家现在知道大脑若是经常处于紧张状态，就会产生错误的化学物质，阻碍有效回忆。放松是检索和创造信息数据的关键。思维导图的创建方法和完成方法，决定了它是放松大脑的理想方法，可以让你有效地进行思维和记忆。

10.2.2 数据分类组合

大多数在会议、课堂及演讲中（如果讲话人的速度不是太快的话）使用线性笔记法的人，常常会给笔记加入一些结构。这对大脑来说是完全有必要的。一般来说，大脑在接受5~7个无关信息之后便开始感到压力。过量的信息要想被大脑接受必须要进行分类组合。但是，线性笔记模式的主要限制是，分类组合只能通过数字系统或者偶尔的缩进来完成。思维导图则可以提供更多的分类组合方法：颜色、形状、联系、结构、字体大小，等等。另外，有了思维导图，你可以更加轻松地完成分类组合，并将内容保持在一页纸上（这能提供一个宏观图）。

10.2.3 数据重复

无须赘言的是，重复有助于信息的回忆。通过“回忆”信息，大脑中特定储存程序的突触连接被再次激活。这些连接会因此得到加强，并更易于搜寻。思维导图可以从两方面满足重复这一需求：

1. 当你创造思维导图时，加工好的数据一直在视野范围内，因为导图只有一页。这也就意味着大脑经常重复这些数据。

2. 思维导图短小精悍、漂亮美观。记忆的要素有想象力、颜色、形状、联想、结构以及地点（具体地点）。所有这些能够加强记忆的因素都是思维导图的关键因素。相反，线性笔记则单一乏味，不便于记忆。

10.3 用思维导图进行记忆

思维导图还可以应用到其他普通记忆中，如回忆某条信息、梦境、历史事件以及“待办事项”清单（如图10-1所示）。

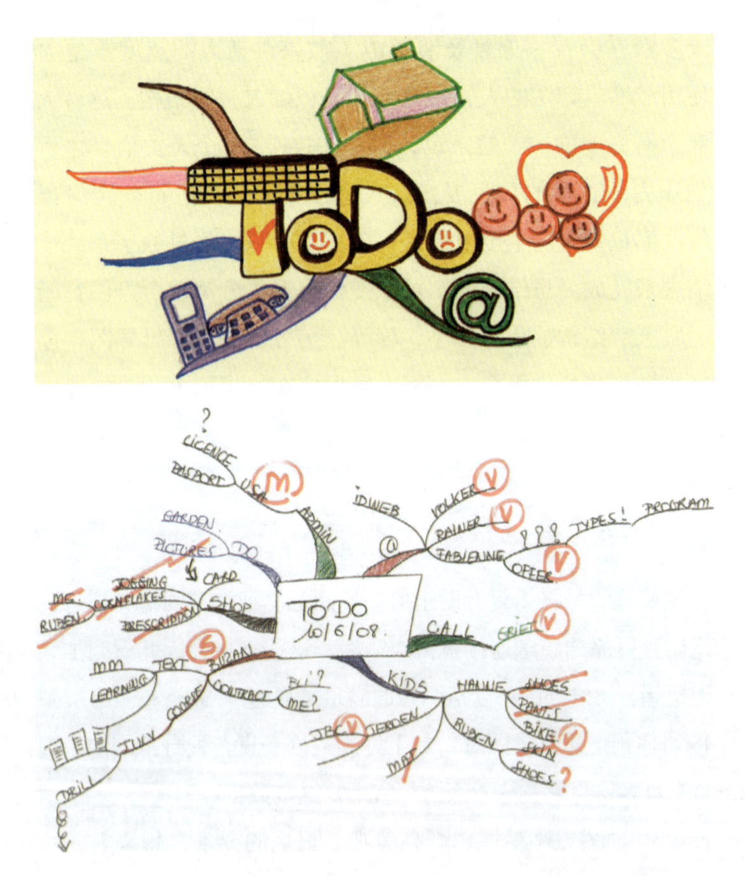

图 10-1 由博赞大师培训师希尔德·杰斯帕尔德（Hilde Jaspaert）绘制的思维导图。画有交叉线的字母“T”代表日历，心形和笑脸代表希尔德喜欢并且需要办的事情，“钩”提醒她思维导图的目的是要“将事情处理掉”，哭脸提醒她要做一些自己不喜欢的事情，电话是指有些电话需要打，@表示有邮件要发。思维导图对记忆“待办事项”尤其有用。

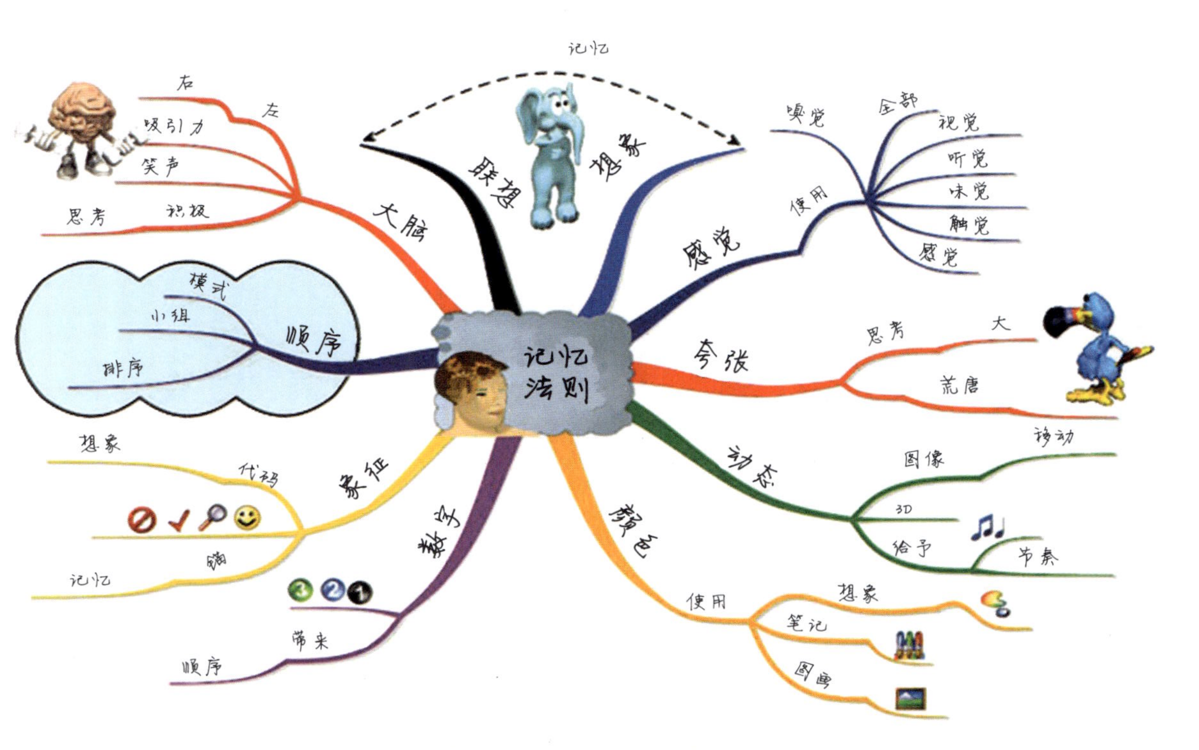

图 10-2　记忆法则的思维导图

一个特别有用的应用是寻找“失去”的记忆——也许是一个人的名字，或者一个东西放到哪里去了，等等。在这些情况下，集中精力在一些丢失的东西上面通常不会产生任何结果，因为“它”已经不见了，当你集中精力在“它”上面时，你实际上是集中精力于虚无或者缺失。记住思维的联想力量，让你的思维导图的中心空着，用一些相关的词或者图像来围绕这个缺失的中心。例如，如果“缺失”的中心是一个人的名字，围绕在它周围的一些主要分支可能就是像性别、年龄、外表、家庭、声音、爱好、职业和第一次及最后一次在哪里见到等。这样一来，你会极大地提高大脑从自己的记忆库里找出这个中心的可能性。

如果觉得为了检索一个“丢失”的记忆而真的去画一幅思维导图太不方便的话，你可以简单地看着内心的屏幕来虚拟创作同样一幅思维导图。（见图10-2）

下章简述

思维导图可以说是储存和检索信息的强大记忆工具。但是它可以做的远不止这些，它可以激发一些观点和联想，从而创造新知模式。下一章我们将看到，它会成为创造性思维工具。

用于创造性思维

本章将集中精力于用思维导图来达成创造性思维。你会发现为什么思维导图在这个领域里特别有效，以及你如何利用它来拓展自己的创造性思维。

11.1 什么是创造性思维?

在心理学文献中，特别是在E.保罗·托伦斯（E.Paul Torrance）（被誉为“创造力之父”，有近60年的研究经验，其研究结果为量化创造性建立了标尺）就创造性思维而进行的一系列测试的手册中，灵活性已经被认为是创造性思维中至关重要的元素。其他一些重要的因素包括进行下列活动的能力：

- 用以前存在的一些想法联想新的和独特的创意。
- 把异乎寻常的因素合并起来。
- 把先前的概念重新布置并联络起来。
- 把先前的概念倒置过来。

在创造过程中，人的情绪和审美眼光尤其重要，因而，使用不同的颜色、形状和维度可以促进我们的创造性思维。

11.2 为什么使用思维导图进行创造性思维?

思维导图使用了所有已被定义的创造性思维技巧。当我们创造思维导图时，我们会产生一些大脑能量，这些能量会激发我们寻找通常处于思维边缘的一些想法。因为创造思维导图是愉快的，能激发我们玩的天性，从而解放我们的思维，开启创造无数观点的可能性。一旦我们绘制出一幅思维导图，许多要素就能够一目了然，这就增加了创造性联想和发现新联系的可能性。

思维导图通过以下几个方面推动我们的创造性思维：

- 探索一个给定主题所有创造性的可能。
- 把思维当中对这个主题以前的一些假设全部清除掉，从而让位于新的创造性思想。
- 从正在进行的一些活动当中得出一些新的想法。
- 创造一些新的概念框架。
- 一旦闪现出思维的火花，应立即捕捉住，并延伸开来。
- 创造性地筹划。

创造性思维可能仅仅是一种意识，即按照固有方式完成一件事情并不具有特定优势。

——鲁道夫·弗莱契（Rudolf Flesch）

11.3 增强创造性思维能力

虽然思维导图总的来说是一个创造性思维工具，但使用它时，你可以通过一个特定过程产生比传统头脑风暴至少多一倍的创造性想法。这一过程共有5个阶段。

11.3.1 速射思维导图爆发

开始的时候，画一张起激发作用的中央图。你画的图必须是在一张空白纸的中央，从这个中央开始，你能够想得起来的所有点子都应该沿着它发散出来。你必须在不多于20分钟的时间内，让思想尽快地涌出来。

由于大脑必须高速工作，这就使大脑松开了平常的锁链，再也不管习惯性的思维模式，因而就激励了一些新的和通常看来明显荒诞的念头。应该接受这些明显荒诞的念头，因为它们包含了新眼光和打破旧的限制性习惯的钥匙。

之所以要用尽可能大的纸张，是因为常言道“思维导图会占去所有能用的空间”。在创造性思维当中，你需要尽可能多的空间，以便激励大脑喷涌出越来越多的思想。你的大脑会抓住机会填补一切空白，在任何创造活动中，纸张越大越好。

11.3.2 重构和修正

短暂地休息一下，让大脑安静下来，好好地整合一下到目前为止生成的所有观念。然后，你需要再画一张思维导图，在里面辨认出主干（基本分类概念），合并，归类，建立起层次，找到新的联想。考虑一开始认为是“愚蠢”或者“荒诞”的一些想法，看看它们是否适应于思维导图的大框架——思想越是不受约束，结果就会越好。

你也许会注意到，一些类似甚至相同的概念出现在思维导图的外层边界。不能把这些概念当作不必要的重复而删除。它们在根本上是“不尽相同”的，因为它们所附属的主要分支不一样。这些重复反映了深藏在你的知识库中但却影响你思维方方面面观点的重要性。为了给这些概念适当的思维和视觉上的分量，应该在它们第二次出现的时候画上下划线，第三次出现的时候用一个几何图形圈出来。如果出现第四次的话，把它们用一个三维的图形装在盒子里。

在思维导图里把这些相关的三维区连接起来，就可以再造一个新意义框架，以新的眼光来看旧事实的时候，使其产生闪光的洞察力。这种转变象征着整个思想结构的一次巨大的瞬间重组。思维导图会像一个旅伴，一路上协助你发现新的思维范式。

从某种意义上来讲，这种思维导图看起来可能是“违反了规则”，因为中央图和主要分支再也没有中心意义了。然而，这样一幅思维导图根本没有打破规则，相反，它们极大地利用了规则，特别是有关强调重点和图形的那些方面的规则。在思想的周边重复出现而找到的一些新观念可能会成为新的中心。按照大脑先搜寻而后发现的工作机制，思维导图会在距离你目前思想最远处的各个角落搜寻，以期找到一个新的中心来替代旧的中心。在某个适当的时候，这个新的中心又会被更新、更先进的概念所替代。这便是你一直在探寻的新范式。

11.3.3 沉思

完成思维导图第一次修正之后，休息时间应更长一些——真正让大脑安静下来。做点别的事情，可以散步、听音乐或者泡澡。灵感经常在大脑松弛、安详时出现。这是因为大脑处于这样的状态时，会让发散性思维过程扩大到副脑最边远的角落里去，因而就增大了新创意突破的可能性。

纵观历史，伟大的创造性思想家们都曾使用过这种方法。爱因斯坦告诉他的学生们说，沉思应该成为他们所有思考活动的必要部分。发现了苯的凯库勒（Kekule）就把沉思和白日梦编入了他每天的工作日程当中。

11.3.4 第二次重构和修正

经过沉思以后，你的大脑会对第一幅和第二幅思维导图产生一个新的观点。这时候，你会发现，快速地画一幅新的思维导图将非常有用，它可以巩固刚刚发现的新创意。

现在你需要考虑第一、第二、第三步得到的所有信息以及你的第二幅速射导图，以便制作一幅全面的思维导图。

11.3.5 最终答案

在这个阶段，你得寻找答案、决定或者结果了，这是你最初的创造

图 11-1　波士顿爱乐乐团指挥本杰明·赞德根据贝多芬第九交响曲所创作的终极思维导图

性思维目的所在。这一步常常包括了将最终的思维导图中分开的一些元素合并起来的工作，以期有新的发现和大突破。

一件事中，普通人见一，有才华的人见二或见三，而天才见十，并能将其所见全部运用到艺术素材中。

——埃兹拉·庞德（Ezra Pound）

11.4 用思维导图获取新的视角

在长时间深奥的创造性思维中，如果新的洞察力在第一次重构和修正阶段即被发现，则沉思也许会在集合洞察力的基础上产生一个新的视角，这就是范式转变。波士顿爱乐乐团指挥本杰明·赞德（Benjamin Zander）所画的思维导图，就是这样一个过程所产生的结果。这幅图反映了他对贝多芬第九交响乐令人吃惊的新看法，这种看法是数年研究、内心思维导图练习和深刻沉思的成果。（见图11-1）

下章简述

第10章和11章已经介绍了思维导图最重要的两方面运用，毫不夸张地说，充分地"滋养"了你的大脑。现在我们学习如何通过思维导图来组织思想、作更好的决策。

用于决策

在作出选择前，思维导图对理清思路是一个特别有用的工具。本章将向你介绍如何通过思维导图理清你的需要、欲求、优先事宜以及限制因素，帮助你在看清所有问题后再作出决策。

12.1 为什么要使用思维导图来决策

思维导图能让大脑马上接受一系列复杂而又相互联系的信息，问题的重点一目了然。它们能给大脑带来一个事先构造好的框架，以便于产生联想，确保所有相关的因素都被考虑进去。尤其导图中的色彩和图像把一些重要的情感因素考虑到决策中去，有助于突出重要的比较点。

你会发现它们会生成比列举方法多得多的具体条目，而且思维导图的制作过程本身经常导致或者触发一个决定。思维导图将内部的决策过程清晰地反映出来，帮助人们把精力集中在与决策相关的所有要素上面。

在整体决策的时候，思维导图可以帮你平衡彼此冲突的一些因素。比如，你在考虑是买一辆新车还是一辆二手车时，你可以用思维导图突出主要的权衡因素，比如，财力与可靠性、耐用性。

12.2 简单决策

有种类型的简单决策叫作二分决策。二分决策是理清顺序的第一个阶段。可以更广泛地把它划分为评估性决定，包括这样一些简单的选择：是/不是，更好/更差，更强/更弱，效率更高/效率更低，效益更好/效益更差，贵些/便宜些。

要绘制能帮你进行二分决策的思维导图，你需要完成以下步骤：

1. 在纸张中心位置绘制一张图像，代表决策内容。图12-1思维导图样例突出说明了选择新电脑的决策过程。

2. 从中心位置延伸出主枝干，基本分类概念，反映主要决策过程。

3. 从这些主枝干中自由延伸出去，创造出更小的分支，用文字或图

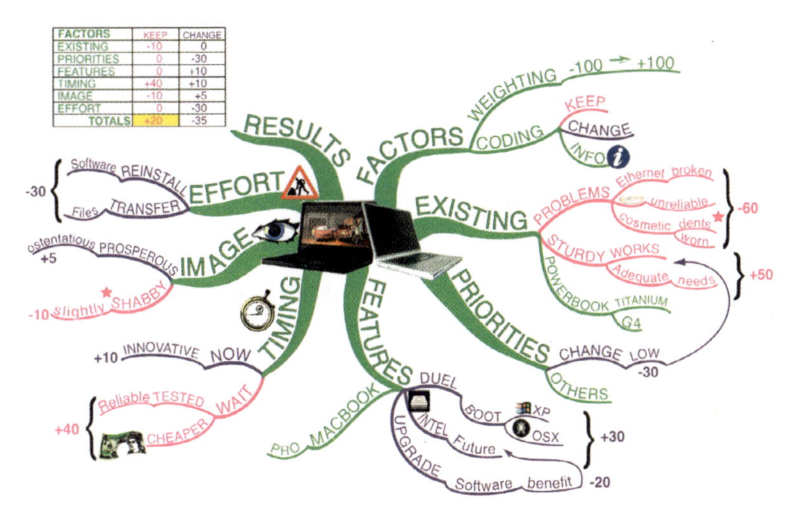

图 12-1 选择新笔记本电脑的二分决策思维导图

像捕捉与决策相关的任何念头和情绪。记得运用色彩和层次帮助捕捉情绪——与普通的观点不一样，情绪在决策中起着关键作用。通过在思维导图中将它们清晰地表达出来，可以激活你的直觉。

一旦所有相关的信息、想法和情感都汇集到思维导图上后，就要用下述五种方法来作一个二分法的选择。

方法一 过程中产生

在许多情况下，在画思维导图的过程中自然就会产生一个解决办法。当大脑看到收集到的全部数据后，突然就冒出一个“啊哈，我想到了！”一下子就为这个决策过程画上了句号。

方法二 数字加减法

如果思维导图画完了，办法还没有想清楚，就应该使用数字加减法。所谓数字加减法，是指给思维导图各边的每个关键词都编一个号码，按重要程度从“1”一直编到“100”。一个词被编好号码后，把

“分值”加起来，先把“行”那一边加起来，然后再把“不行”那一边加起来。得分最高的一边“获胜”。

方法三　直觉/超逻辑

如果第一种和第二种方法都没有得出一个决定，还可以根据直觉或者“内心感觉”的办法来确定。直觉是一种遭受了不少诋毁和误解的精神力量，我喜欢把它叫作“超逻辑”。大脑用超逻辑来考虑其广大无边的数据库（由从以前的经历中积累起来的几十亿经验元素构成），用以作出决定。

大脑可以在一瞬间完成与决策相关的“超逻辑”，这一过程可以涉及几百亿的排列组合，用以得出一个在数学上极为精确的可能成功的估计，下面这段话可能无意中说明了这一点：

把你以前生活当中几乎无限的数据库考虑进去，再把你提交给我的几万亿条数据在目前这个决策过程中加以整合，我目前对你成功概率的估计为83.7862%。

这个庞大运算的结果被记录在大脑里，转换成生物反应，被个人解释成简单的“内心感觉”。在哈佛商学院进行的研究显示，全美和跨国组织的经理和总裁们认为，他们成功原因的80%归功于直觉或者“内心感觉”。思维导图对于这类超级思维特别有用，因为它给大脑更广泛的信息，其计算也是以此为基础的。

方法四　沉思期

另一个方法说起来很简单，那就是让大脑静静地产生一个想法出来。换句话说，完成了决策思维导图后，你可以让大脑放松下来。大脑往往在休息或者孤独之时达到和谐状态，并把接收到的大量数据加以处理和整合。也正是在这样一些时候，我们往往才作出最为重要和准确的一些决定，因为放松会把副脑未用的巨大能量释放出来——即我们大脑99%未用部分的能量释放出来，包括经常被称作“下意识”的那部分能量。例如，很多人在泡澡时，突然报告说记起某个东西在什么地方，有了创造性的想法，或者突然意识到需要作出一个特别的决定。使用这种方法，你的大脑才会达到和谐状态，从而作出整合，最后得出最有意义和最准确的结论。

方法五　如果数字加减法得出了同样的结果

画好思维导图以后，如果上述几种方法都不能产生一个决定，则一定会出现“行”和“不行”相等的情况。这时，两个选择都可令人满意，不妨扔硬币以决策（这是二分法的最终办法），一面代表“行”，一面代表“不行”。扔硬币的时候，必须要仔细监控自己的情绪，以防你其实已经有了选择。你可能会觉得，选择两者虽然都是一样的，但自己的副脑可能已经有了自己超逻辑的判定。

如果硬币扔下来后，你的第一个感觉是失望或者是一阵轻松，正好显示出你的真实感觉，因而你就可以自行决定了。

12.3　解决犹豫不决的办法

如果上述几种办法还不能让你作出决定，这时候，大脑实际上是在慢慢地发生微妙的转变，从二分法向三分法选择靠近。这个决定不再简单的是“行”或“不行”，而是：

1. 行。
2. 不行。
3. 继续考虑选择。

第三个选项不仅不容易得出结果，而且时间越长越不利于作出决定。这个问题有一个简单的解决办法，那就是不作出第三项选择。基本原则就是，作出一个决定然后执行它，这比完全陷于瘫痪状态的效果要好得多。

12.4 批判性思维练习

跟所有形式的思维一样，二分法决策需要训练。可以给自己提出下述一些问题来练习：

我应该购买X吗？我应该学习X吗？我应该把个人特性当中的X这一点改变吗？我应该加入X组织吗？我应该去某国／某市吗？

在下面这个“X目标”练习中，基本的思想是要在没有任何数据的情况下找到基本分类概念，换句话说，就是要构成一系列你可以指向任何目标的问题，而且，作为一组询问，它们可以在目标确认的时候作为思维导图全图的基础。这道练习题还可以用来帮助你在试图回答一个问题之前先分析这个问题。

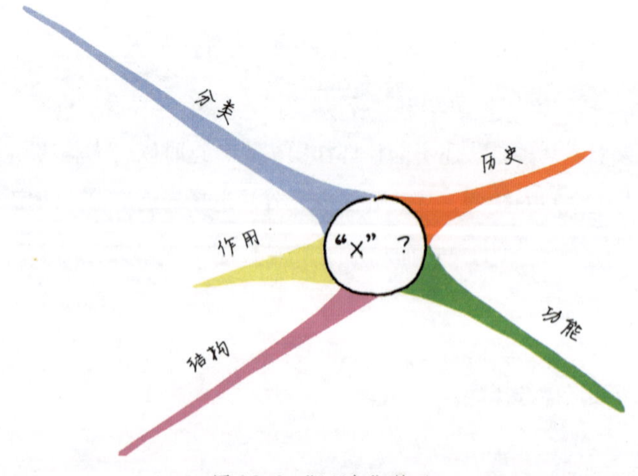

图 12-2 “X 目标”练习

在“X目标”练习思维导图中，对于主要分支有如下的解释：

1. **历史：**历史的起源是什么？它是怎样发展的？

2. **结构：**它采取什么样的形式？它的结构如何？这些询问可以从分子结构一直到大的建筑形式。

3. **功能：**它是怎样工作的？其动力何在？

4. **作用：**它做什么？（1）在自然世界里；（2）在人类世界里。

5. **分类：**它与其他一些事情是怎样联系在一起的？这个问题又一次可以从非常大的动物界、植物界和矿物界详细到具体的分类里去，比如物种和元素周期表。

你可能想用下列的“X目标”建议来试着回答这个问题：马、汽车、碳、西班牙、太阳、上帝、石头、书、电视。当然，你还可以用任何别的选择。当你完成这道练习题的时候，看看你是否可以改善思维导图的基本组成点。

你还可以在一些公众辩论话题上使用二分法思维导图，如宗教、政治、道德、职业或者教育系统等。

这一练习的意义在于，在没有得到任何信息的情况下进行评估并将其按重要程度进行分类的过程，拓展了你的思维技巧。如果你继续拓展批判性思维技巧并使用思维导图来捕捉念想，那么，作出明晰、周全的决策将变成如呼吸一样自然的事情。

12.5 复杂决策

在让自己熟悉了有关决策的基本思维导图之后，你现在已经可以过渡到制作更加复杂的决策思维导图并组织自己思想的阶段。在开始之前，尝试下列想象力练习，从而让大脑为你的思维导图提供更多复杂的观点和联想。

练习

为下列每一项内容选取一个物体，同时为了提高你的想象力、记忆力以及创造性思维能力，请尽量选取一些“荒唐”的物体。接下来为每一个物体做一幅快速的思维导图，选不超过7个解释它们趣味性的理由。这是帮助你提高快速选择相关基本分类概念能力的好办法。

想象一下，然后再做思维导图，为什么做下面一些事情很好玩？

- 与……一起外出
- 买一个……
- 学会……
- 改变……
- 相信一种……
- 从……中退回来
- 开始一个……
- 创造一个……
- 完成一个……

现在，你可以进入到比刚刚学过的简易决策模型更加复杂的层级或者更多种类的基本分类概念。多分支思维导图可以用来做大多数描述性、分析性和评估性的工作。

正如我们在前面的章节所了解到的，思维导图的数量不受限制，即使是处理二分决策，两者（或三者）之一就是可能的结果。在实际运用中，主要分支数或者基本分类概念数平均有3~7个。这是因为，如我们在第10章中所见，平均来说，大脑不能够在短期记忆里保持多于7条的主要信息。

12.6 想出基本分类概念

因此，你应该尽量选择最少的基本分类概念，这些概念能够真实地反映主题。利用它们将获得的信息分成可以掌握的小块儿，就像书的章节名称一样。下列基本分类概念组已被证明在孕育真正的思维导图中特别有用。

- **基本问题：**怎样/什么时候/什么地方/为什么/是什么/是谁/哪一个?
- **部分：**章 / 节 / 主题
- **性质：**事情的特征
- **历史：**事情发生的时间顺序
- **结构：**事情的外形
- **功能：**做什么事情
- **过程：**事情是怎样发展的
- **评估：**事情有多好/多少价值/多少益处
- **分类：**事情之间的相互关系如何
- **定义：**事情的含义是什么
- **个性：**人们是什么角色或者具有什么特点

要绘制出一幅能够帮你作出复杂决定的思维导图，你需要完成以下事项。

1. 在纸张中心画一个图像，代表你的决策内容。比如：是否上大学。

2. 从中心图像上发散主要枝干（基本分类概念），代表可能的全部选择——如：大学、间隔年、工作、生活、交通。这一过程马上明确了所有的选择，突出了作决定需要权衡的要素。

3. 从每一个基本分类概念中自由联想开去，创造更多的想法、更小的分支。

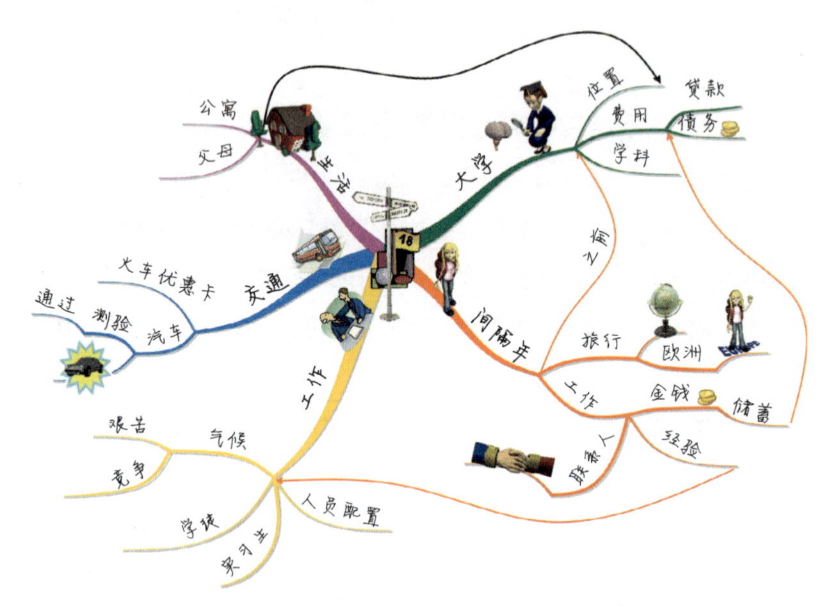

图 12-3 帮助进行复杂决策的思维导图，本案例是一个毕业生的未来之路。

思维导图本身并不能替你做决定，它只是将选择大餐全部呈现给你，从这里面，你可以作出最恰当的决定。

下章简述

现在，你已经学会了在作决定时，如何通过思维导图来帮自己理清思路了，第三部分的下一步即最终一步就是如何运用思维导图组织别人的思想和观点。重要而又好玩的笔记艺术，一直以来困扰着许多人，下一章我们的主题就是它。

用于组织他人观点（记笔记）

本章要探索如何利用思维导图去组织别人的思想（即记笔记）。线性笔记是传统的笔记方式，把别人在演讲、书籍或其他媒体上表达出来的思想记录下来。本章将讲解如何用思维导图笔记来替代线性笔记，并且你会惊奇地发现思维导图用于记笔记是多么有效。

13.1 为什么要使用思维导图记笔记?

只需一瞥，你就能看出什么重要，什么不重要，关键概念之间的联系一目了然。因为思维导图只有一页纸，而且条理清楚，所以你可以更加快速地回顾并更加有效地记忆。每一张思维导图都独具特色，所以能够在你的记忆中清晰明了。思维导图对你的学习进行了一个永恒而又发展的记录，你可以随时丰富以及美化它。

13.2 笔记的4个主要作用

笔记的4个主要作用是记忆、分析、创造、对话。

记忆

可悲的是，全世界大多数的大中学生都以为，笔记不过是一个帮助记忆的方法。他们唯一关心的是，这些笔记是否能帮助他们把所学的东西记住并能通过考试，之后就可以欢天喜地地全盘忘掉。我们知道，记忆的确是一个主要的因素，可绝对不是唯一的因素。其他一些因素，比如分析和创造性都是同样重要的。

思维导图是一种非常有用的记忆方法。作为一种记笔记的技巧，它没有第2章所述的标准线性笔记的任何缺点。反过来，思维导图提供的是一种具有诸多优势，能与大脑协同工作的思维方式，它可以利用并释放出全部的大脑能量。

分析

从课堂上或者从书面材料里摘取笔记时，首先要分辨出所提供信息中最主要的一些结构。思维导图制作可以帮助你从线性信息里抽出基本分类概念和层次概念。

创造

思维导图可以合并从外部（讲座、书籍、杂志和媒体）记录的信息及从内部（决策、分析和创造性思维）产生的信息。最好的笔记不仅会帮助你记住并分析信息，而且会起一种跳板的作用，你可以借助它产生创造性思维。

对话

在听讲座或者看书的过程中，所记的笔记必须记录接收到的所有相关信息。最为理想的情况是，它们还会包含你在听讲座或者看书时自发产生的一系列思想。换句话说，你的思维导图应该反映出你与演讲者或者作者之间的智力对话。可以用特别的色彩或者符号代码来区别你自己对思想交换的贡献。

如果演讲者或者书的作者碰巧语言组织能力极差或者表达不清，你的思维导图便会反映出这种混沌不清。这可能产生一幅看起来乱七八糟的思维导图，可是，它同时也会揭示出混乱的根源。因此，你会更好地了解情况，而不像线性笔记那样掩盖其混乱，因为线性笔记虽然记得很整齐，可好几页满是无用的线条和清单。思维导图因此就变成一个非常有用的工具，既可以从别处收集信息，也可以根据自身的需求和目标评估信息传递者的思维和能力。

13.3 利用思维导图做读书笔记

重要的是，设计一个很好的组织方法，以便让你在记笔记的过程中能够构建一幅结构清晰的思维导图。按照以下步骤学习如何通过思维导图给一本书或者教材做思维导图。

1. 快速浏览、翻阅全书或者整篇文章，对其内容的组织得出一个初步的印象。

2. 编制一个时间方案，用以研究并确定在这段时间里必须涉及的材料内容和数量。

3. 给这个领域已经知道的内容画一幅思维导图，以建立联想性的思维“抓钩”。

4. 用一个小型思维导图确立这个学习阶段希望达到的目的和目标，并完成一幅不同的思维导图，用来回答在此学习阶段必须回答的所有问题。

5. 再总览一下全书或整篇文章，看看目录、主要的标题、结果、结论、小结、主要的示意图或者图片，和其他一些映入你眼帘的重要内容。这个过程会给你为全书或这篇文章画的新思维导图一个中央图和主要分支（或者基本分类概念）。

6. 现在，转到预习阶段，看一看有没有材料还未包括在概览中，特别是每段、每节和每章的开头和结尾，因为这些地方往往集中了最为重要的信息，然后，再把它们加入到思维导图中去。

7. 下一步是内察。这时，你可解决大部分的学习难题，但仍会跳过一些主要的问题区域。对全书或文章的其他部分熟悉以后，你就会发现已经很容易理解各段落的意思，并快速地完成思维导图。

8. 最后是复习阶段，你可以回到一些早先跳过去的、比较困难的部分，回头看看全书或文章，以便回答剩下的问题，或者填完没有填的空。这时，你应该可以完成思维导图的笔记。

整个过程有点像拼图游戏，开始的时候要看看整个盒子上的全图，然后再填入各个边角和外边，最后慢慢地填中间，直到拼出一模一样的图。

温习小说

图13-1这幅思维导图是一位父亲画的，目的是要帮助他的女儿通过大学的英国文学课考试。当面对一个如小说一样复杂的结构时，大脑能够指向这类智力“格子”是非常有好处的，因为它会把小说中最重要的一些文学要素罗列出来。这类思维导图可以让读书人把任何图书中的主要精髓更准确和全面地抽出来。

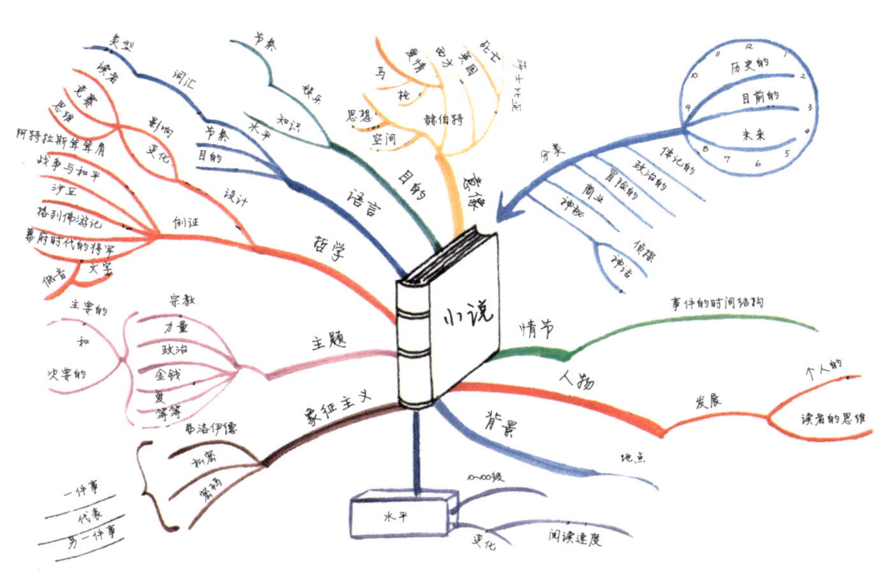

图 13-1　为帮助女儿通过英国文学考试，肖恩·亚当绘制的思维导图。

13.4 利用思维导图给讲座做笔记

为了使记笔记更容易，可以事先询问演讲者是否可以给你一个主要话题的摘要。如果不行，可以简单地一边听课，一边画一幅思维导图，在演讲者进行的时候，找寻基本分类概念。听完讲座以后，你可以编辑并修正你的思维导图，这个过程会使信息产生意义，因而也就加强了你对它的理解。

你也可以使用模版记笔记。把模板中的关键词添加到思维导图主枝干中。比如，“六要素”（时间、地点、人物、事件、经过、结果），或者“SWOT分析”（优点、缺点、机会、挑战）以及爱德华·德·博诺的PNI（正面、负面、有趣面）。

使用词汇和图片，来回跳动

使用词汇和图片记录信息。如有需要，可在分支间来回跳动。如果你是思维导图方面的新手，有时你会注意到你记下太多短语和句子。不用对此表示担心，你很快就会取得进步并越记越少，因为你渐渐会意识到只用几个关键词，你那神奇的大脑便能检索到所有的信息。这样一来，你就可以有更多的时间更好地参与会议和讨论了。

不要审查大脑

如果一个看起来不相关的点子跳出来，那你就把它当作次级观点放到不具有基本分类概念的分支上。

每出现一次，放一次。最终，大脑会给这个分支赋予意义，你便经常会有一种恍然大悟的感觉。

让它难忘

有时候信息流太快，来不及换不同颜色的笔。同样，对此也不必担心。迫不得已的话，使用单色笔也行。但是，如果想用思维导图来记忆信息的话，添加一些颜色和图画会对大脑有显著的帮助。

在讲座结束后的24小时之内，别忘记花几分钟时间给思维导图添加上令人难忘的要素。

添加空白

如果你发现漏掉了一些东西，在你认为“漏”的地方画上一个空白主干或者次级枝干。交流结束后，这些空白分支会提醒你，让你去问问题，然后补全分支。

添加纸张

思维导图某一分支的信息还在继续，而你已经写到了这页纸的边缘，这种事情也有可能发生。如果出现了这种情况，添加一张新纸就好了。可以等讲座结束后将它粘到原来那一页上，也可以重新起草一个思维导图，以这一分支的关键词为中心。当然，这种情况只会在手绘时出现。计算机思维导图则可以无限延伸。

克服困难

许多人都觉得在会议、讲座或者训练课上记笔记是一件困难的事情。如果要记的信息结构清晰，那便不会太痛苦。但实际情况是，信息“发出者”会被自己的联想思维带偏，那么记笔记的人就会面临着几个问题：“我应该记什么？”“我应该把那条信息放在哪里？”信息流因此就被阻断了。有了思维导图，如果讲话者从一个主题跳到另一个主题，听话者也可以跟随说话者从一个分支自由地跳到另一个分支。因此，思维导图是“捕捉”和管理这些信息的理想工具。另外，将所有的信息记录在一张纸上（与线性笔记的多张纸相反）可以给你一个更佳的宏观视野。思维导图使用了协助图片和单一关键词，可以让你更轻松地看到不同信息间的联系，不仅给你一个宏观视野，也带给你一个微观视野。

花一点时间参考一下图13-2，它是对如何充分利用思维导图做笔记的摘要。一旦你使用几次思维导图，你将会发现线性笔记的局限性有多大，思维导图笔记有多愉快、自由、有效。

下章简述

现在，你已完成了思维导图应用世界勇敢的第一步，可以进一步发展，看看思维导图怎样服务于生活的方方面面。

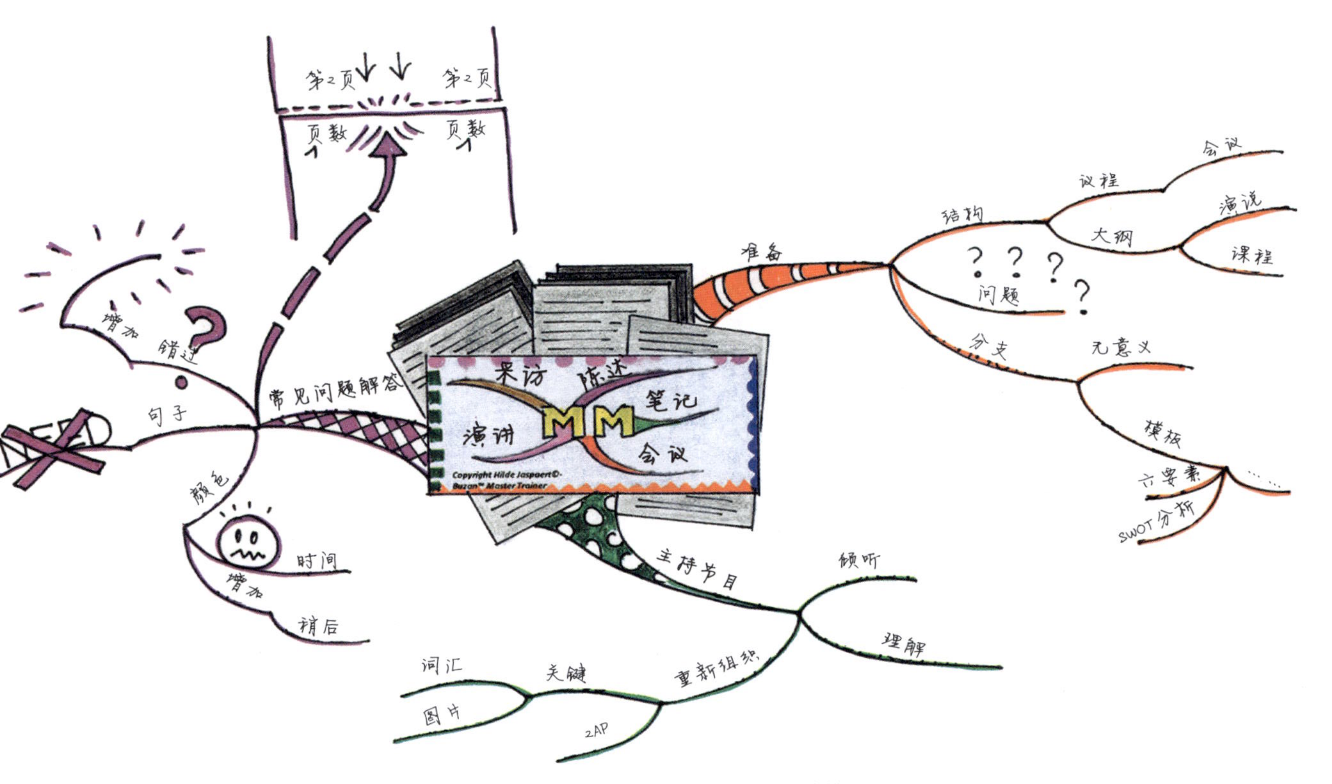

图 13-2　如何最大限度地利用思维导图做笔记

新一代的“思维导图”软件同样可以作为数字化“白板”，能够将众多的知识和想法连接起来，并有效地加以分析，从而最大限度地实现创新……帮助人们创造可以挖掘和评估价值的思维模式。

比尔·盖茨

“未来之路：‘智能代理’和思维导图使我们的信息民主迈向下一个阶段”，《新闻周刊》，2006年1月25日

THE MIND MAP BOOK

第四部分
思维导图在学习、生活和工作领域的高级应用

思维导图之美就在于它能解放思维，给思维带来无尽的可能性。因为它反映了人类天生的发散性思维过程，让人一发而不可收——创作的导图越多，就越想继续创作。

第四部分将会介绍思维导图在人们的学习、工作和生活中的广泛运用。不管是分析问题、权衡目标、制订计划、开展研究、复习考试、公开演讲还是管理团队，思维导图的应用都无处不在！

用于自我分析

本章探讨如何利用思维导图分析个人生活——不论是深入认识自己，还是设定长短期目标，思维导图都是引你向前的有力工具。你还将学到如何通过思维导图帮助他人分析生活，以及一些自我分析思维导图的有趣例子。

14.1 为什么要使用思维导图进行自我分析?

不管你是在掂量换一份工作的得失，还是需要确立自己的长期目标，思维导图都可以在很大程度上帮助你理顺想法，澄清思路。

因为思维导图不仅可以给你一个全景图，而且可以让你看清细节及生活趋势，在一些你不确定会做的具体事情上给你启发。这可以帮助你以一种可行的方式探索最复杂的主题之一——自己；可以让你跳出自己的生活画卷，客观地看待事物。一旦你看到自己的生活以这种方式出现，你就站在了一个理想的位置，可以发现问题和机会，并为未来的幸福和成功作计划。

14.2 如何运用思维导图制作“全景图”

比较好的办法是从制作“全景图”的自我分析思维导图开始。制作自我分析的思维导图有以下三个主要的步骤。

第一步：速射思维导图

画一幅多色彩的三维中心图，它可以涵盖你对自己的身体或概念上的想法。然后做一次思维导图速射，让事实、思想和情绪毫无保留和自由地流动。快速地画，使你所有的想法更容易表达出来，不要太整洁、太仔细，因为这样可能会抑制思维导图锻炼所需的自然和直率。

第二步：重构和复习

开始下一步之前，休息一下，以便放松你的大脑。回来之后，选择你的主要分支或者基本分类概念。可以包括：个人情况（过去、现在和将来）、长处、弱点、喜欢的事物、不喜欢的事物、情感、爱好、成就、工作、长期目标、短期目标、责任、朋友、家庭、配偶。

完成了思维导图速射，选择好主要分支之后，你应该再制作更大一些、更有艺术气息和考虑更加成熟的思维导图。最后完成的这幅思维导图就是你内心状态的外在反映。

第三步：反思

在你完成了终极思维导图之后，花点时间再从头到尾看一遍，权衡一下你的发现。基本上，你的整个生活都在你的手中——它是一个强有力的角度。你会注意到一些方式，一些让你激动和不激动的事情。也许这幅思维导图就够了，看着它，你就可以作出一些决策，但你也可能需要创造更多的速射导图，才能看清楚。如果有需要，要用足够的时间给这幅“全景”思维导图添加新事物。

永盛的故事

我叫永盛，来自新加坡。自从我14岁第一次接触东尼的一本书时，便对绘制思维导图产生了强烈的兴趣。目前，我是拉夫堡大学的一名大二学生，学习体育科学管理专业。

东尼·博赞来新加坡做研讨会的时候，我遇见了他，之后，我定期与他联系，告诉他我在追求自己的梦想——成为奥运会十项全能冠军以及我在这条道路上所取得的进步。后面的思维导图是我向东尼汇报的每月进步图之一。

“赛事”分支用来快速总结我在现阶段不同赛事中的状态及我的进展情况。“策略”分支是我目前对进展方法的思考和计

划。“健康”分支总结了目前我身体所处的状态。“学校”分支列出了学校中可能影响到我的事宜。（见图14-1）

我没有料想到的是它成了一张绝佳的快照，让我看清楚了我1月份的情况。再看它时，我想发出惊叹，我之前并未意识到1月以来我取得了那么多进步！但是，我仍然没有达到最佳水平。再次开始追寻十项全能冠军之梦时，我的身体状态还远远不够，膝盖上还有以前在军队时受过的伤，我甚至还不能到达赢得十项全能（最难的赛事之一）奥运奖牌的水平。

今年5月，我参加了全英比赛，但表现极其糟糕，再次让人非常沮丧，另外，我的伤势看起来也不妙。所以，我将不会参加我在策略分支里列出的2009年东南亚运动会。过去几个月甚为艰苦。我努力改善我的弱点，回过头看1月各项健身练习的最好成绩，我已经取得了巨大进步。我觉得现在我只需要用思维导图制订一个更好的计划，并继续前进。

14.3 过去目标的回顾与未来的安排

安排和计划自己的生活时，对自己的成就作一个年度总结，在这个总结的基础上对自己的未来再作安排，并明确思维导图就是做这两项工作特别有用的理想工具。

以思维导图的形式对过去一年的成就评价之后，你可以用同一幅图为基础，制作一幅描述你明年行动计划的思维导图。按照这个方法，你可以用一年的时间来准备，选择重点，还可以根据已往的经验，在低效或不满意的项目上选择缩短时间和减少精力的投入。

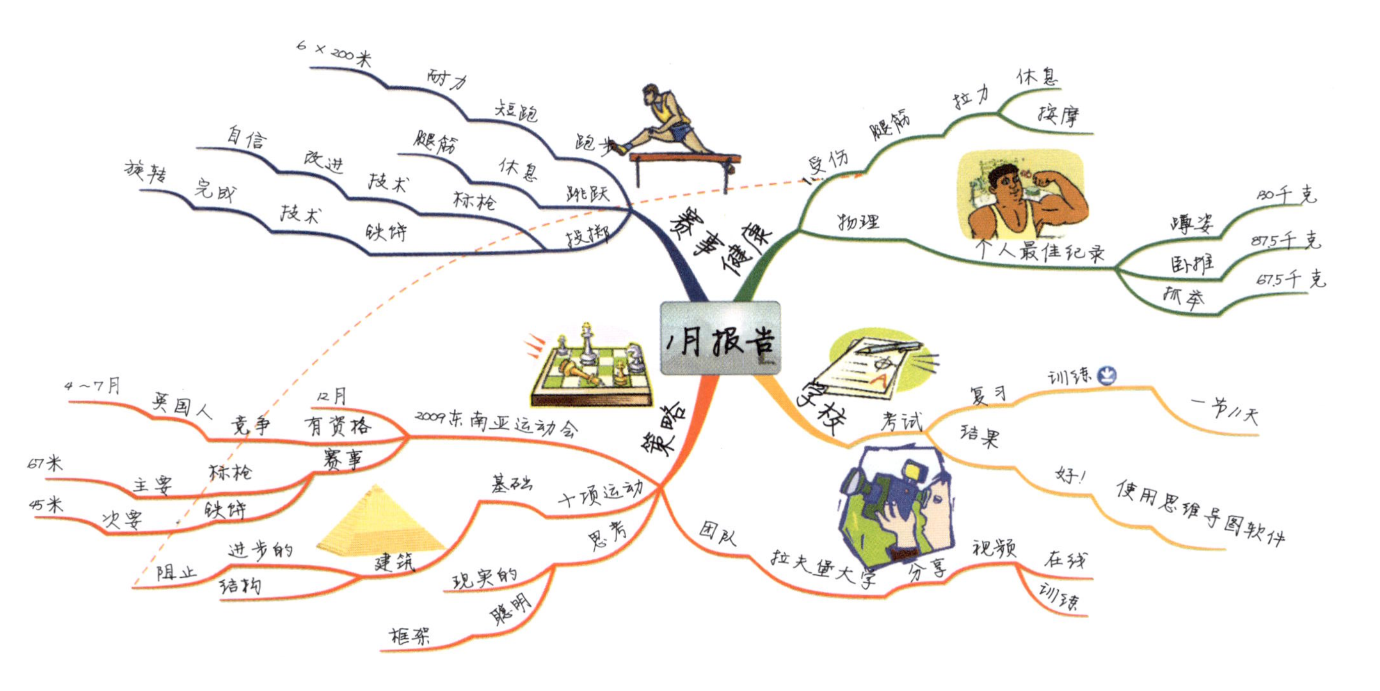

图 14-1　永盛的十项全能训练进度表

年复一年，这些年度思维导图会形成一个不间断的全景记录，它们会显示出你一生主要的动向和生活模式，把你和你自己一生走过的道路显示得清清楚楚。

除了年度思维导图以外，我们还建议你作任何选择的前后都做一幅自我分析的思维导图，不管是换工作或房子，还是开始或者结束一段关系或者是学习课程的选择。

14.4　帮助别人自我分析

你可能希望帮助朋友们或者同事自我分析，又或者帮助某个以前没有做过思维导图的人自我分析。在这种情况下，你可以按照“全景”思维导图进行，唯一不同之处在于，你现在不是给自己作分析，而是在替别人作记录或作指导。

在你的朋友或者同事描述中心图内容的时候，你只是将他们的原意用图画表述出来。他或者她接着就可以把头脑中所有的思想、感情和想法口述出来，你只是把这些东西的原意记录下来，用于思维导图速射。你也许需要帮助你的朋友或者同事找到合适的基本分类概念。接着，你可以画一幅综合的思维导图，把他或她所说过的任何东西都包括进去，这个分析可以由你独自进行，也可以在条件合适的情况下几个人一起讨论。

14.5　自我分析思维导图举例

图14−2是一位跨国公司的男性首席执行官画的，他原想分析自己与商业活动相关联的生活。但是，由于思维导图不断地体现出了他的真实感情，所以这幅图综合反映了他生活中所有主要的内容。这些内容包括

家庭、商务、体育活动、学习和总的自我发展，以及他对东方哲学和行为习惯的兴趣。

图 14-2　一位跨国公司男性首席执行官的思维导图，用以重新审视他的生活，重新关注他的家庭。

他后来解释说，在用思维导图自我分析之前，他曾假设自己最关心的是他的商务活动。然而，通过思维导图，他意识到，他的家庭的确是他生活的真正根基。结果，他转变了与妻子、孩子和其他亲戚的关系，并将自己的时间表调整过来，以反映他自己真正的重点需要。

可以预料的是，他的健康和精神状态有了很大的改善，他和家人变得更亲近，对家庭更加充满爱。他的商务活动也得到了非常大的改善，因为这种活动开始反映出他积极的新人生观。

图14-3是由一位女性高级管理人员制作的思维导图，她正在考虑改变职业和她的人生方向。她做思维导图的目的，是要看看她到底是谁，以及她的信念系统是什么样的。一开始，她低估了自己。但是，当她完成自我分析的时候，她已经跟这幅发散性的思维导图一样目标清楚，非常自信了。

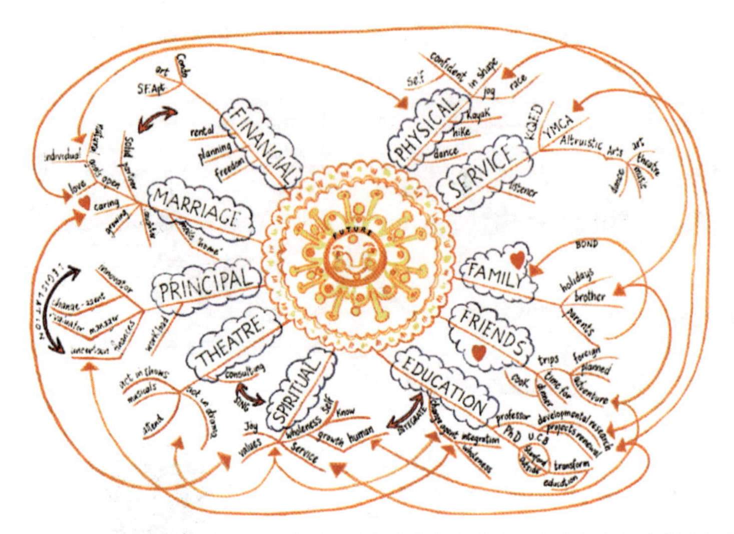

图 14-3　一位女性高管的思维导图，分析她的信念体系、自我和为自己选择的未来发展方向。

14.6　用思维导图获得工作/生活的平衡

思维导图帮助你获取生活的平衡，因为它能让你马上发现哪些地方不平衡。你可以很快开始绘制，用“平衡”做中央图像，然后用以下主题做分支内容：健康、家人朋友、休闲、财力、关系、职业/商务以及精神。

用以下的思维导图作为例子，告诉你可以怎样运用思维导图筹划工作/生活的平衡以及设定个人/职业目标。

川濑近田美季子，绘制了下面的思维导图。她说：

这幅思维导图和其他一些重要的思维导图（远景、使命等等）一同存档在我的日程表上，以便我能经常看到它。即使我非常忙碌，它也会帮我看清生活目标。大约25年前，我开始绘制生存（效率）思维导图。作为一个长期制作思维导图的人，我十分相信使用思维导图所带来的好处远远不止我一开始在学校里获得的好成绩。

图 14-4　川濑近田美季子绘制的有关生活平衡的思维导图

下页的思维导图是使用博赞iMindMap软件制定目标的一个例子。这种思维导图模版为制作者提供了一个关于目标的自然可视图。在这两种情况下，思维导图“抓住”大脑中跳出的任何与设定个人目标和获取工作/生活平衡相关的想法。它可以让制作者大脑中的思绪自然流出，并让制作者把它们安放在思维导图的最佳位置。因为联系几乎不是线性的，正常的发展过程将会随着思绪的跳跃而需要在分支进行跳跃。

14.7　用思维导图解决个人问题

你可以使用思维导图来解决个人问题及与其他人相处时遇到的困难。你已经学到的许多技巧——比如自我分析和决策办法（见第12章），都会在解决问题时起作用。

本过程几乎与自我分析法相同，只是重点集中在特殊的个人性格方面，或者是一些引起你焦虑的事情上。例如，我们假设你的问题是

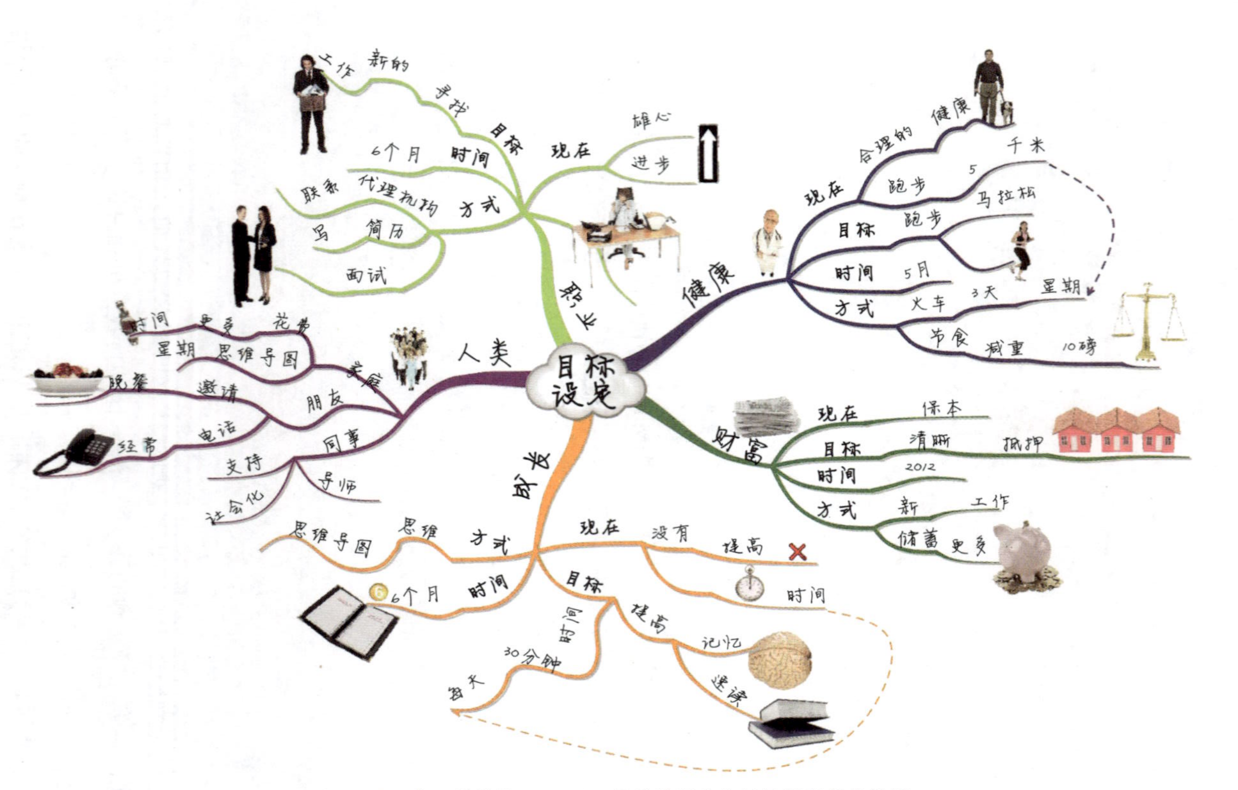

图 14-5 使用博赞的 iMindMap 软件绘制出的目标制定思维导图

过度害羞。你可以从一幅中心图开始（比如，你把脸埋在两手里的样子），然后进入思维导图速射，把所有因为害羞而产生的思想和情感都释放出来。

在进行第一遍重构和修改时，你的基本分类概念可能会包括：

- 你感到害羞的情形。
- 构成你害羞的情感。
- 你的身体反应。
- 因害羞而导致的语言和身体动作。
- 你害羞的背景（什么时候开始的，后来怎样发展的），以及可能的根本原因。

对问题全面定义、分析和沉思以后，就需要进行再次重构和修改了。你应该在这第二幅思维导图中仔细查看问题的各个方面，把解决问题的具体行动和办法想出来。按照想出的行动办法去实施，这样应该可以解决所有的问题。

有时候，到了最后才看出，你把真正的问题弄错了。如果同一个词或者同一个概念在好几个主要分支上出现，情况多半就是这个词或者概念比你放在中央的那个概念更为重要。在这种情况之下，应该干脆重新画一幅思维导图，把新的关键词放在图中央作为思维导图的中心概念，再按之前的方法继续下去。

下章简述

思维导图除了能够用来进行自我分析和解决问题，还可以在日常生活中起到许多作用。在下一章中我们会找到用思维导图来写日记的方法，即个人万用记事本！

用于写日记

传统的日记是最高形式的线性工具，它使我们处在时间的严格控制之下。在本章，我们要运用一个全新的、革命性的思维导图日记法，它可以让我们根据自己的需要和欲求来管理自己的时间而不是相反的方式。思维导图日记既可以用于安排事情，也可以是对过去的大事、思想和感觉的回顾性记录。

在本章的学习过程中，你可能会发现网站www.imindmap.com/resources 很有用，登录之后，下载一个思维导图日记样板，以便帮助你着手制作自己的思维导图日记。

15.1 为什么使用思维导图记日记/作筹划

与传统日记不同，思维导图日记更吸引眼球，且随着制作技巧的提高，吸引力更大。若你不喜欢计划和组织生活，思维导图日记将助你完成，因为它看起来是那么具有吸引力——实际上它是在鼓励你去运用它。这与标准日记大不相同，它会让大多数人无意识地反感——“忘记”将事情写入日记，将它们放在错误的位置或为根本没有使用它们而感羞愧。

思维导图日记中使用的图片、色彩代码及分支联想能让你很快搜到所需信息，让你对自己的生活有个宏观及微观的了解和掌握：一个有效的生活管理工具。它能让你回顾过去、畅想未来；让你做好计划、快速记录。

思维导图日记是你对自己生活核心记忆的外化，它将每件事情放到你的整个生命背景中去。回顾你的日记几乎就成为“观看你生命的电影”！

15.2 思维导图日记的记录原则

15.2.1 年度计划

年度计划应该只是简单地概括你一年当中的主要事件。图15-1是一个iMindMap的例子，主题是婚礼计划———项需长期计划的重大事件。和其他思维导图一样，开始时，在中央画上个图像（这里模仿了一张婚礼请帖）。基本分类概念是1年的12个月。每月都有12个主要分支（如：3月是“请帖”，4月是“服务”，8月是“礼服”）。从这些主分支中又自然生发出更多次分支，如“食宿”“地点”“蜜月”的“开支”等等。

用此方式的明显好处是它能马上告诉你前面是什么，并能很快被人理解——对于计划一些要求合作的事情来说，极其完美，如婚礼。

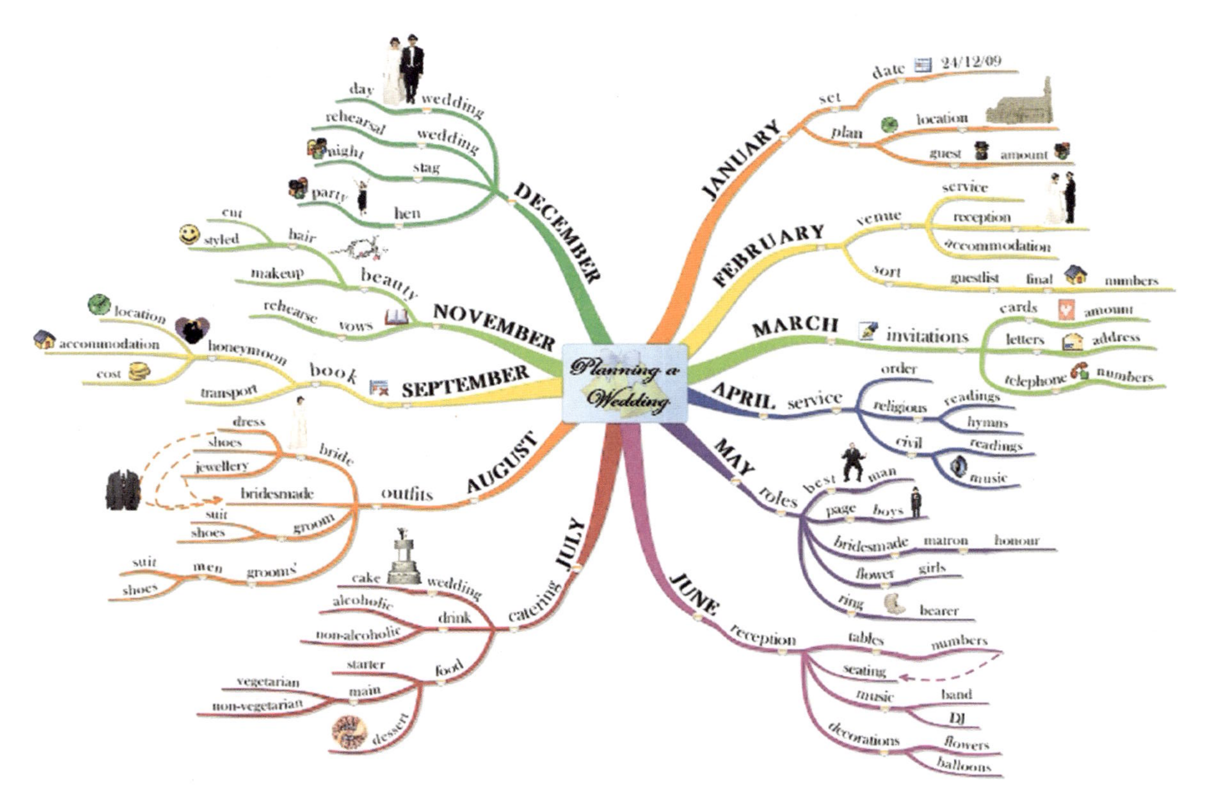

图 15-1　用 iMindMap 绘制的长达一年的婚礼计划图

我把年度思维导图当作“年度规划本”用。我用基本分类概念、色彩代码、符号及图片将每个月的主要事件记录下来。在年末的时候，我会为过去的一年和即将开始的一年分别制作一张思维导图。在作未来计划时，我会照抄前一年的基本组成点，看一眼我在写作、旅行、讲学、咨询、创作新书以及独处方面所花费的时间是否“平衡”。最后，我会对这一年及其活动/休息的节奏有一个完美的概览。在通过思维导图掌握了这些之后，我可以将它分解到每个月，并以月度为基础制作日记（见图15-2）。

为了使重要的阶段性成果突出，你需要在年度计划中广泛使用色彩、代码和图像。你应该建立自己的色彩代码，以保证在需要的时候保持个性。有了一致的色彩代码，你就可以迅速获得来年的全景图。这个色彩代码应该与每月和每日计划保持一致，以便于保持计划的连续性，保证日后交叉参照、计划和回忆时能迅速找到。

15.2.2 每月计划

每月思维导图日记是对年度计划当中当月计划的扩展版。查看下面的iMindMap，看看这个如何完成（见图15-3）。

这个思维导图从主枝干的“2点钟”方向开始（但你可以从任何方向开始），分别是四个星期。次枝干当中列出了哪几天需要完成什么任务（而且更神奇的是，相互联系的任务是如此之多），以保证假期的顺利和轻松。关键词、色彩、图像以及标志强调了需要激发回忆和计划的想象与联想过程。

15.2.3 每周计划

下图是一个思维导图周记，内容是7天的健身计划。一开始也是一个中央图像（有利于引发大脑的联想过程）。主枝干要比次枝干粗一些，此例当中主枝干为一周7天，在“2点钟”（这取决于你）方向以周一开

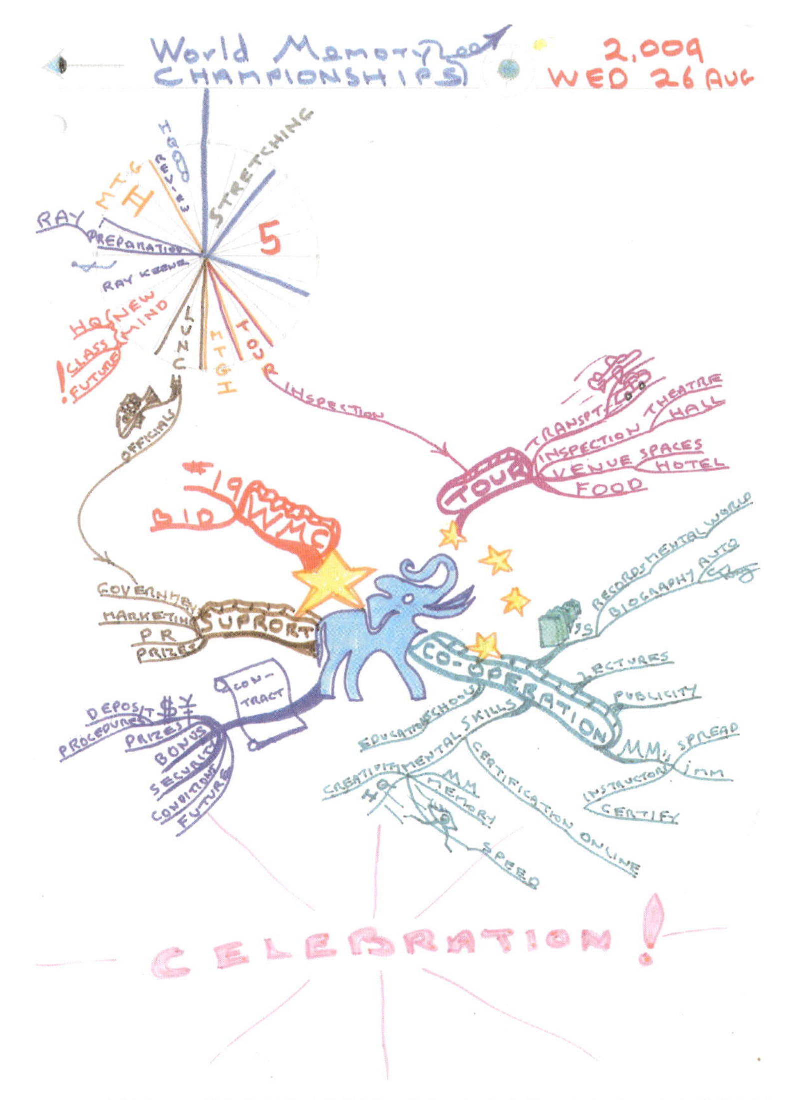

图 15-2 这是东尼·博赞绘制的思维导图，作为日记当中的一个条目。24 小时钟表记录了当天的主要事项。思维导图总结了 2009 年在中国广州的一个全天会议，会议旨在商讨中国竞标第 19 届世界记忆锦标赛主办权的事宜。中央图像运用了世界记忆锦标赛标志，记忆大象，以及中国国旗上的五颗星。这个思维导图日记条目总结了视察行程、竞标者提供的合作领域、支持系统以及合同的主要方面。会后，经过世界记忆运动理事会的考虑，广州赢得了 2010 年世界记忆锦标赛的主办权。

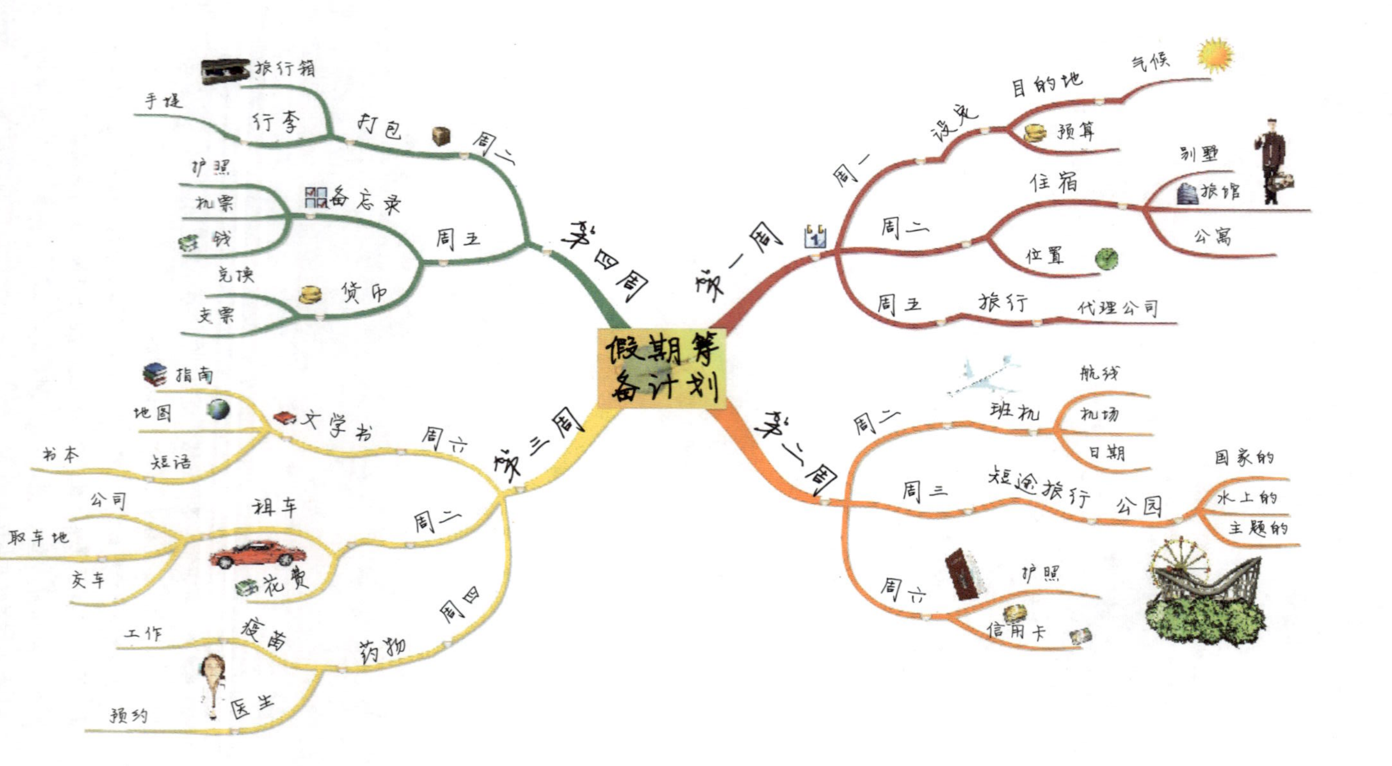

图 15-3　月度思维导图例证——假期筹备计划

始，次枝干总是以“饮食”“锻炼”“休息”这些健身计划中的关键因素为要素。色彩、图片以及标志将使人更愿意致力于这个计划和周记（见图15-4）。

15.2.4 每日计划

每日的思维导图日记以24小时为基准。跟年度计划和每月计划一样，应该应用尽可能多的思维导图制作规则。当天结束时，你可以给那些顺利完成的事项打钩，从而对你的进度进行监控，并给予你更大的成就感。

在下面简单的思维导图中，一共有5个主分支——“早上”“午餐”“下午”“晚上”和“其他”——从中央图像发散出来，但是你可以选择自己的关键词和主题。色彩、图像和标志有助于分解不同的阶段和活动。与年度计划和每月计划一样，每日计划也可以用来回顾一生的任何时刻，全面回顾也可，深层分析也可。快速地一瞥就可以回想起1周、1月和1年，生动鲜明，如在眼前（见图15-5）。

每日日记能够发生效用的前提是把这一天当作24小时（而标准日记一般只记白天的事宜）。你可以在左上角画一个24小时的闹钟。钟表内部你可以用色彩或图像将你这一天的主要项目写进去——在合适的时间段。这是“愿景说明”——比如，你这一天想要完成的事情。然后，在这一天开始的时候，你可以加上一个主要的思维导图，也就是当天最重要的事情，比如说，一场重要的回忆。这张纸就会变成你这一整套的记录，把会议这样的具体事件纳入其中（见图15-6）。

思维导图日记综合利用了思维导图的“全景”视野、层次感及完整倾向，这使得它们更加有利，因为它为完成该日任务提供了一种天然动力。

年度计划和每月计划为你进行年度回顾和目标设定奠定了理想基础。当你能够统览全年时，互相参照、对整体趋势的估算和观察都会更加容易。

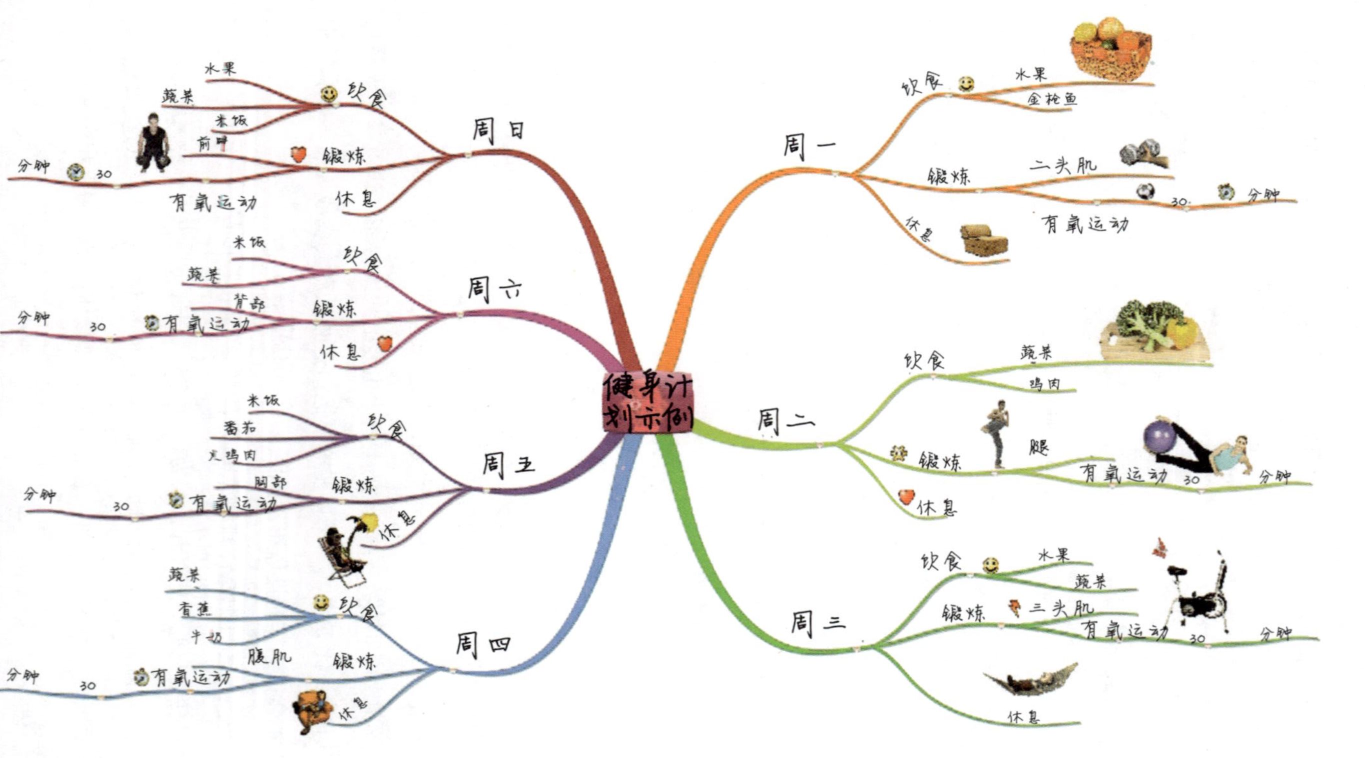

图 15-4　思维导图周记——健身计划示例

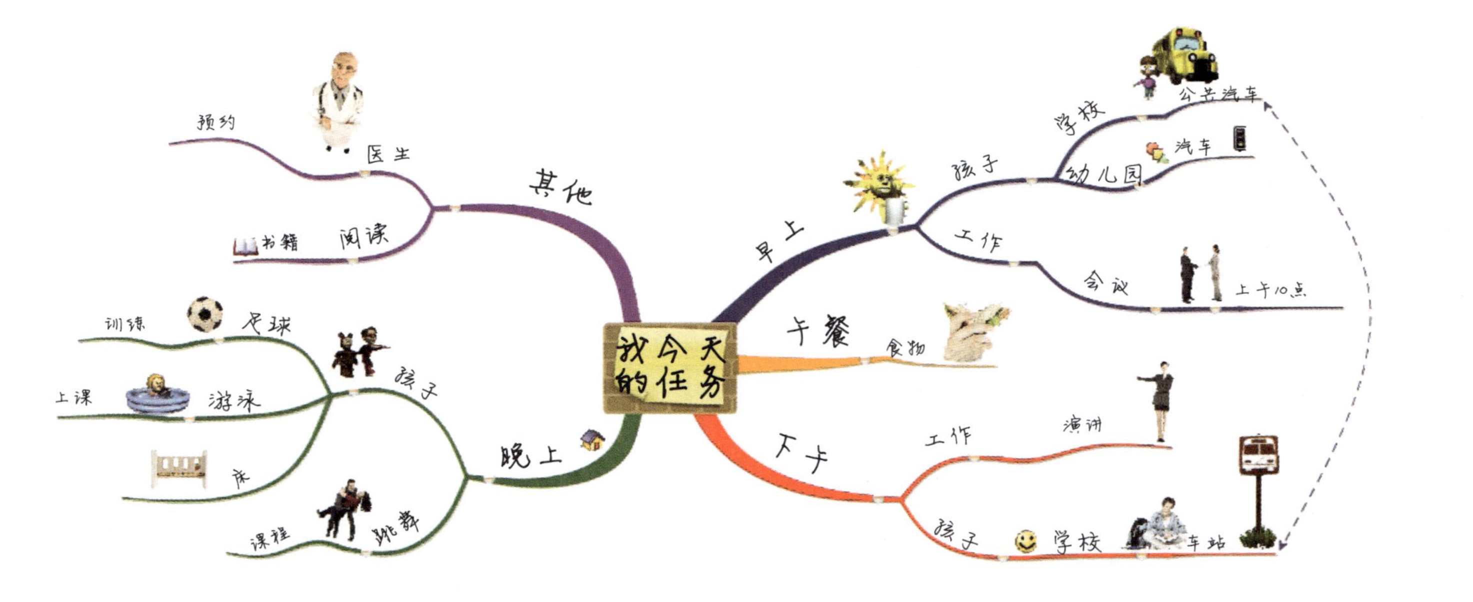

图 15-5 iMindMap 思维导图日记示例

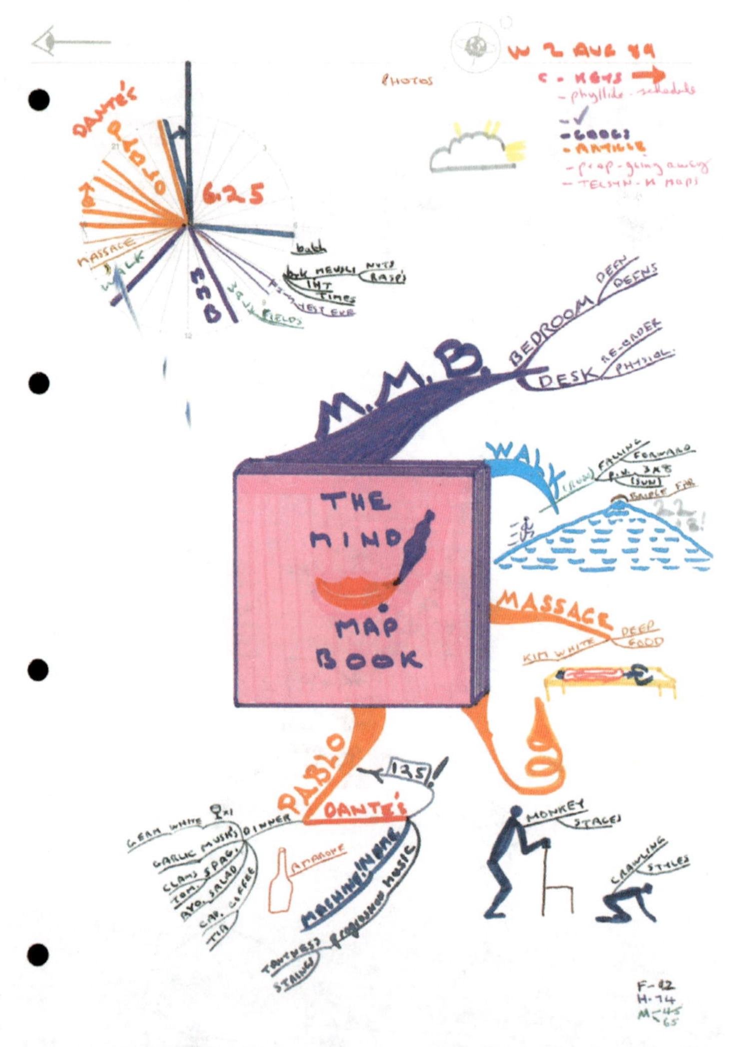

图 15-6　东尼·博赞的思维导图日记，显示了他开始正式撰写《思维导图》一书那天的思维导图。

下章简述

下一章节的主题是学习技巧，你将会发现在学习和复习中，这种“快照”视觉效果是多么有用。

用于提高学习技巧

本章将向你介绍思维导图如何彻底改善你的学习——你可以从中获得的效果和满足感。你会发现如何将思维导图运用到4种学习任务中——写作文、进行考试、写项目书或报告，以及如何用思维导图处理更大块的信息。这些会帮助你的学习达到一种超乎想象的水平。

16.1 为什么使用思维导图提高学习技巧？

因为思维导图只有一页，所以需要准备和组织内容的时间会大大减少，另外，它还会总给你一种全景视野。又因为所有的信息都触手可及，你不用处理好几页笔记内容，所以它不会让你因无序庞杂而倍感压力与不快。它们独特、缤纷以及富有创造性的设计为线性笔记中那些无趣和“沉重”的内容带来了生机。另外，思维导图能让你把自己的思维和想法与书中或讲座中所讲的内容联系起来，激励你直接参与其中。这一切的效果将使你的学习方法得到彻底的革新。

16.2 如何使用思维导图写文章

如果你准备参加一项考试，且这项考试包含限时作文，那么你只要掌握以下方法，尝试在给定时间内完成它，就相当于进行了限时作文练习。

1. 先画一个中央图像，代表文章的主题。

2. 再选择合适的基本分类概念，把它们当作主要分支或者主要的子项。在这个阶段，你应该把主要精力集中于需要处理的主题或者需要由你来解决的问题上面。

3. 然后放开思路，增加一些信息，或者提出你想说明的观点，只要这些在你的思维导图中看起来是最合适的即可。从基本分类概念衍生出来的主要分支和事项的数目是没有什么限制的。处于思维导图制作的这个阶段，你应该使用一些代码（颜色、符号或者两者都用）来指示前后参照或者不同区域之间的联系。

4. 接着，编辑并重新调整思维导图，使其成为一个连贯的整体。

5. 现在，坐下来起草第一稿，把思维导图当作一个框架。一幅有组织的思维导图应该可以提供给你所有主要章节片段的内容，在每节必须涉及的一些主要观点，以及这些观点之间相互联系的方式。在这个阶段，你应尽量快速往下写，跳过任何引起你疑问的地方，特别是一些有关词汇和语法结构方面的麻烦。这样一来，你的思维就会更加流畅，而且，最后你总还是可以回到一些“问题区域”，这跟你平常读书的习惯一样。

6. 如果你遇到了“作家的麻烦”，即思维突然僵硬，那么另画一幅思维导图会有助于解决这个问题。在很多情况下，光是画一个中央图就会让文思之泉再一次涌动起来，围绕着文章的主题活蹦乱跳，自由舞蹈。如果你又一次感到江郎才尽，可以在关键词和已经画好的图形上面再画一些线条。这样，你大脑的天然完整倾向（即格式塔），或者整体的倾向就会用新的词汇和图像来填充这个空白地带。

7. 最后，复习一下你的思维导图，再把文章余下的部分做完，可以增加一些交叉参考的内容，用更多的证据或者引语来支持自己的观点，修改或者在合适的情况下扩展自己得出的结论。

按照这种指导原则所制作的思维导图可用来帮助你替换掉成堆的线性笔记，因为大部分学生在没有实际开始写作以前就已经在做这些笔记了。思维导图法仅利用一幅思维导图和速成的一稿就可以替代20多页标准纸所记录的笔记或者二稿及三稿，更不用说那无数的草稿。

使用一张思维导图，拯救一棵大树

使用多张思维导图，拯救一片森林

下面有三幅思维导图，看看它们怎样帮助学生完成有关运动、瑞典学校项目和计算机的文章。

为体现思维导图在文章写作过程中的强大作用，其中一位学生在完成她的文章后，这样说：“我写得越多，画得越多，头脑里面的念头就越多——得到的想法越多，这些想法就越是新奇且富有创造力。我意识到，思维导图永远没有完结的时候。”

图 16-1 凯伦·施密特有关学校运动的思维导图

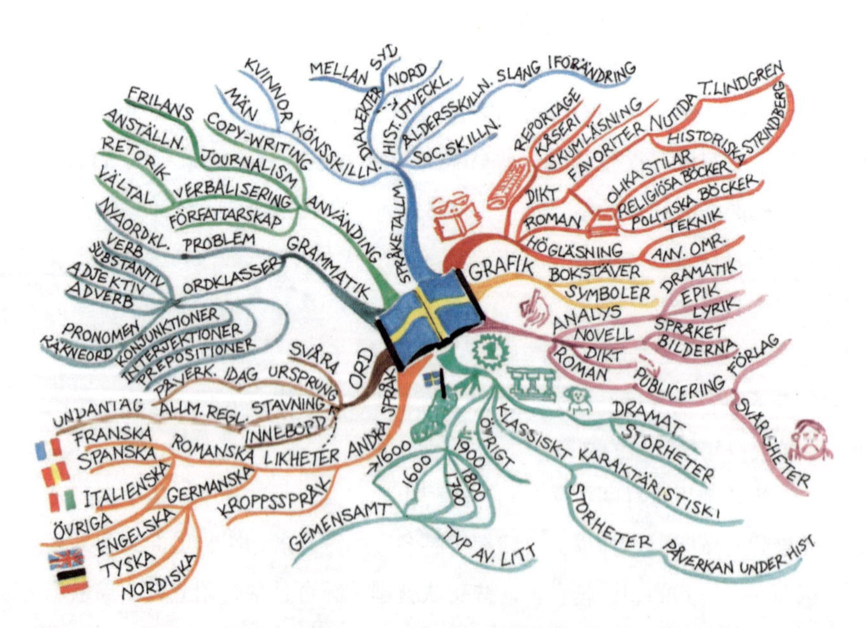

图 16-2 凯瑟琳娜·奈曼有关瑞典学校项目的思维导图

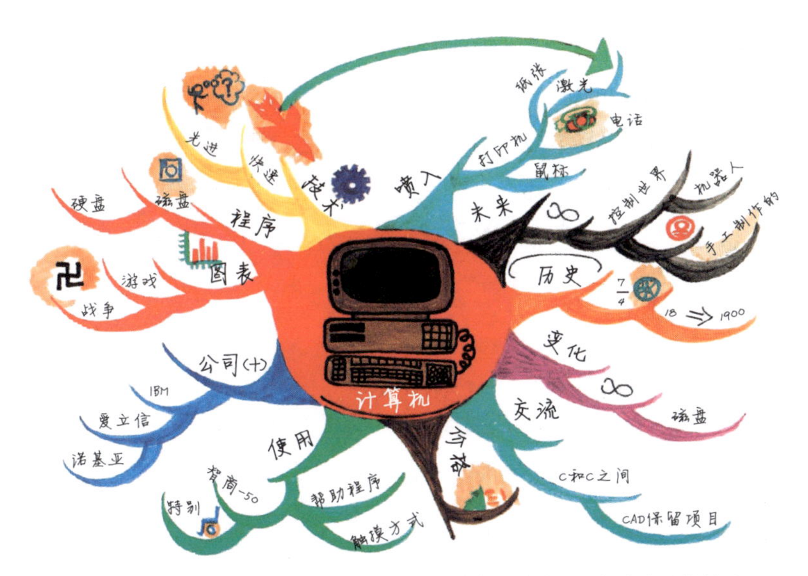

图 16-3　托马斯·恩斯科克为一个有关计算机的学校项目制作的思维导图

16.3　如何用思维导图考试

1. 第一步是要仔细地阅读考试内容，挑出你要回答的问题。阅读问题的时候，要用微型思维导图把马上跳入脑海的想法记下来。

2. 第二步，你得决定按照什么样的顺序来回答问题，以及回答每个问题约需要多少时间。

3. 要抵挡住立即详细回答第一个问题的诱惑，要对全部准备回答的问题做一次快速的思维导图速射。按照这个步骤，你就必须使自己的思想准备好在整个考试期间去探索所有问题的各个细节和分支，而不必计较某个时候正在回答的某个具体问题。

4. 现在，回到第一个问题，并做一幅思维导图，让它起到搭建框架的作用。中央图像与简要的评论相对应，而每个主要的主干都可以提供一个主干标题或者文章的一部分。对于每个从主干上展开的部分，你都应该能够写一两段。

5. 当你搭建起所有答案的框架时，你会发现，你可以开始自由穿梭于已有的知识结构中，前后参照，而且能够通过补充自己的思想、联想和解释来作出结论。这样一个答案应该能够向考官展示一个综合的知识，一种分析、组织、整合和交叉参考的能力，特别是自己对这个题目富于创造力和求新精神的理解所展示的能力。换句话说，你应该能够得高分！

下图是学生詹姆斯·李（James Lee）为历史考试所做的一张思维导图，勾画出了第二次世界大战发生的主要原因。詹姆斯·李做过几百幅思维导图。他制作这些思维导图是要帮助自己通过高中及大学入学考试。他在15岁那年因为一场疾病而辍学6个月，因而有人建议他留一级。他说服老师让他试一试能不能补上，因而开始用思维导图把看到的一切都记录下来。在3个月的时间内，他完成了全年的学业，而且在10次考试中得了7个优秀和3个良（见图16-4）。

16.4 如何用思维导图写项目书和报告

利用思维导图来写一份项目书或者报告，不管是区区几页还是长到博士论文的篇幅，都会使写作变得非常容易。这样的项目书也许包括很多的研究成果以及最终以书面、图像或者口述等形式表达出来的因素，可是，其方法基本上与论文和考试的方法是一致的。

在任何学习任务中，第一步都是要决定在既定的时间长度内你准备回答多少问题。这种时间/工作量目标，在长时间工作与短时间工作中都是一样重要的。然后，在研究阶段，你可以使用思维导图从资料来源中摘取笔记，起草研究结果，组织和整合随时出现的想法，并形成你的书面报告或者口头演示的最后定稿。同考试及写文章用的思维导图一

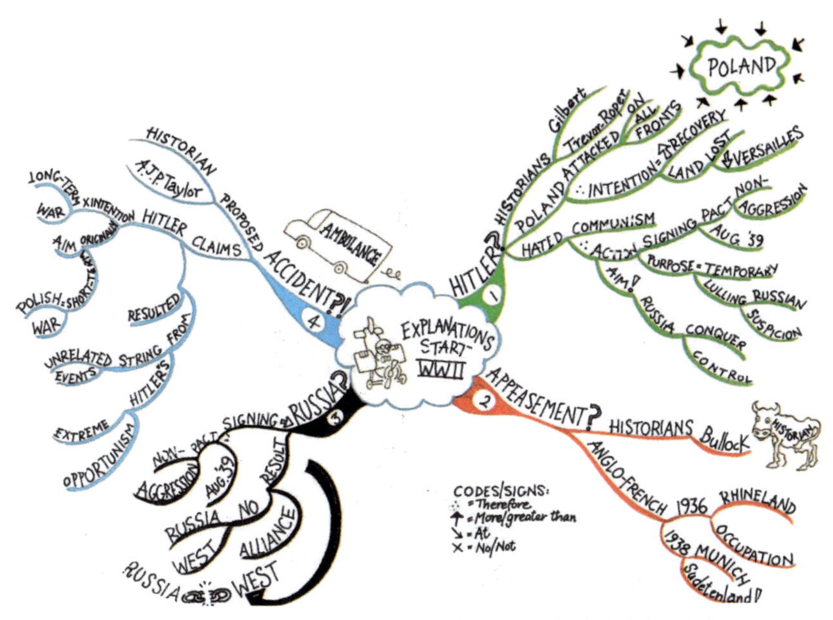

图 16-4　詹姆斯·李制作的思维导图中的一幅，帮助他通过了考试。

样，以这种形式写作的项目书和报告，其结构有可能更合理，其中心可能更集中，更有创造力，更有原创性，比费力劳神的线性笔记法、草稿和重新起草这些传统方法要好得多。

16.5　如何用思维导图记住一本书

用思维导图学习一本书将会让你免去记数页笔记的麻烦。你可以一边读一边绘制，也可以在读的时候做好标记，读完之后再绘制思维导图。

以下是一个实例，说明如何利用思维导图大幅提高记忆力。

图16-5是一幅关于约翰·奈斯比特的思维导图，他是未来学家，《大趋势》和《2000年大趋势》作者。他在书中预测了19世纪末20世纪初的十大趋势。在我简要介绍各大趋势时，请参照思维导图的相关分支。

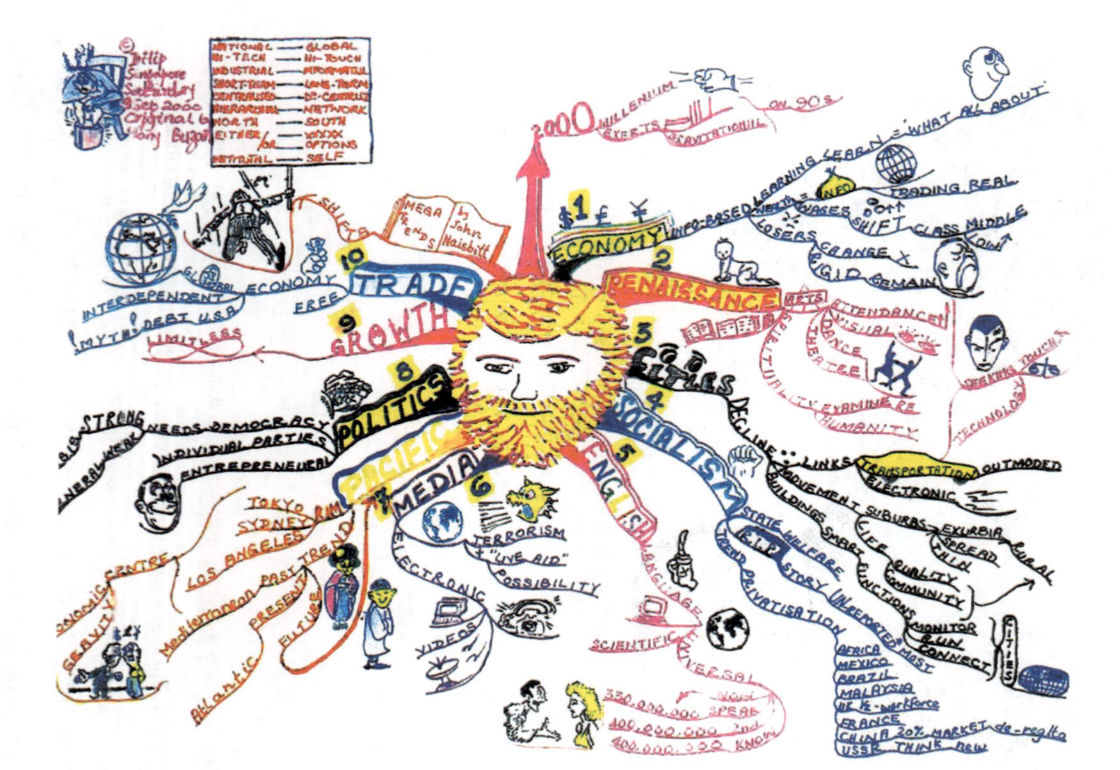

图 16-5　东尼·博赞为约翰·奈斯比特所著《2000 年大趋势》绘制的思维导图。中央图像是奈斯比特的头像，他头顶的箭头代表他预见的未来。10 个分支代表了奈斯比特对 10 年的趋势预测。

趋势一：经济将会越来越多地依靠信息，“学会如何学习”才是根本。只有那些固执守旧、坚持线性思维的人才会“落后”。

趋势二：艺术、文学以及精神文明会出现复兴。全世界学习这些课程的学员将越来越多。人们想要获得更多独处的时间，找到自然和科技的平衡。

趋势三：城市将会衰落。它们只会作为商业贸易中心。随着电子商务的增加，人们将减少外出，也不再需要运送货物的货车和卡车。另外，大楼会“智能化”，因此，也不用跑到城市进行智能交易。

趋势四：资本主义和民主将成为世界的主要经济及政治体系之一。

趋势五：英语将成为全球语言——大多数人都会把英语当作母语或者第二外语来学习。80%的科技语言和术语都将是英语。

趋势六：媒体将逐步全球化和电子化，任何一个电子装置都可以与其他电子装置相联系。世界将变成一个“全球大脑”。

趋势七：包括美洲西海岸、亚洲东海岸以及澳洲在内的太平洋沿岸地区将成为经济和商务贸易的中心区域。

趋势八：政治将展现更多的企业家精神，越来越多的人会获得“资本”，除了金钱资本外，还有媒体及沟通能力的“资本”。奈斯比特预言将会有更多出于个人利益的个人原因包含其中。

趋势九：增长将变得无穷无尽。奈斯比特之所以作出这样的预言，是因为增长与第一大趋势相关——经济将会越来越多地依靠信息。这一代人的大脑潜力是不可限量的。

趋势十：像其他大趋势一样，贸易将会更自由、更全球化。基于以上有的趋势，奈斯比特预言全球将更加和平，就像图中地球上的小鸽子所代表的一样。

读完后，合上书本，大致扫视一下思维导图，看看你可以记得其中多少内容。

那可是一本400页的书。你已经在3分钟内“读完”并形成了一个特殊的记忆——你的思维导图。用这个思维导图作为该书的记忆触发器——你会惊喜地发现你可以记住很多。

一边读一边做思维导图，就好像与书的作者持续“对话”，在书往前进展的时候，会反映出知识的展开模式。不断扩大的思维导图也会让你注意到理解水平，并据此调整所要收集的重要信息。

事后画思维导图有一个长处，即你只在掌握、理解了全书内容，或各部分内容彼此之间的关系后才开始做。你的思维导图因此就会更全面，更有核心，也不太可能需要修改。

不管选择哪一种方法，都必须记住，对一本书做思维导图是一个双向的过程，目标不是简单地以思维导图的形式复制作者的思想。它是要根据你自己的知识、理解、解释和具体目标来组织和综合他或她的思想。理想的思维导图应该能够包括你自己的评论、想法及从刚刚读到的东西里得到的创造性的理解。用不同的颜色或者代码，会让你自己对该图的贡献与作者的思想区分开来。

这里所用的技巧已经在第13章中讲过，这里我们进行一个快速回顾。

1. 浏览。
2. 设定时间和总量目标。
3. 把与该学科有关的已有知识用思维导图画下来。
4. 确定目标。
5. 总览、添加思维导图的中央图像和主要分支。
6. 预习——添加总览中遗忘的内容。
7. 内察——把自己心中的所有问题显现出来，添加到思维导图中。
8. 复查——查看一下之前跳过的地方和问题，补全思维导图。

16.6 如何用思维导图记录讲座/报告/电影

思维导图是记录“鲜活”信息的完美工具，因为讲话者常常在各种话题之间跳跃，而且会重复一些内容。思维导图与线性笔记不同，可以让你反映出整个过程。可以查阅第13章对这一技巧的解释。

16.7 制作大师级思维导图

如果你所学的是一门课时很多的课程，一个比较好的方法是画一幅很大的大师级思维导图，里面要反映主要的章节、主题、理论和有关这门课的主要人物及事件。每次读书或者听讲座之前，你都可以把任何新的想法加入到大师级思维导图里面去，这样就可以把网络状不断增长的内在知识用外部镜像表达出来。

那些做过类似事情的人都注意到结果令人惊喜且回报丰厚。经过一段时间的合理学习，思维导图的边界会向外伸展到其他一些课题和学科上。因而，有关心理学的大师级思维导图的边界，开始触及神经生理学、数学、哲学、天文学、地理学、气象学、生态学等方面。

这并不是说，你的知识结构在不断地分散，因而远离了中心；而是说，你的知识开始变得深邃而且广泛，它们已经开始与知识的各个领域相互交错起来了。这是历史上许多大思想家都非常熟悉的一个智力发展过程，所有的学问都彼此联系了起来。在这个阶段，你的大师级思维导图还会帮助你为人类知识持续的增长作出贡献。

16.8 复习思维导图笔记

记完了思维导图笔记以后，应该定期复习所记内容，以保持理解力和对所学东西的记忆。与其每次复习时把原图看一遍，不如把尚记得的内容再次快速地做一次速射思维导图。这证明你可以在不借助任何东西的情况下记住所学的东西。你可以再次回过头来对照原图检查，调整一下不相符的地方，并强化任何回忆不恰当或回忆模糊的地方。

下章简述

了解了思维导图在生活和学习中的应用之后，我们再来看看它在职场中的应用。下面几章将告诉你如何利用思维导图使职业生涯更顺利、更有趣、更有效率。

用于会议

在办公室和会议室使用思维导图会有无数好处[为此，我也编过一本新书《思维导图·商务篇Ⅰ》（*Mind Map for Business*）]，专门讨论思维导图在职场的应用）。下面几章，我们将着重一些主要方面——会议、报告以及管理——将思维导图运用到这些方面会让你的职业生活更加轻松、欢乐和有成效。

17.1 为什么要在会议中使用思维导图

集体思维导图的主要运用，包括集体创新、集体回想、集体分析和解决问题、集体作决策、集体项目管理、集体训练和教育以及团队建设。

理想的会议应该是每个人都是贡献者也是听众。集体进行思维导图创作，可以让个人和集体产出得到平等、均衡的兼顾。思维导图成为个人进行独立思考的工作，反过来又回馈给集体。这样，整个团队不仅能收获到个人贡献，也能从集体参与中获益。

集体思维导图能自然而然地达成普遍共识，培养团队精神，让所有人聚焦团队的目标。它同样也可以作为集体记忆的书面材料，保证会议结束之后每个成员都能对已经达成的事宜有相似而全面的理解。

17.2 如何在会议中制作个人思维导图

会议的主题就是思维导图的中央图像，而议程的主要项目就是思维导图的主干。随着会议进展，你可以随时把相关的想法和信息增加进去。另外，你也许会想给每位演讲者画一幅小型思维导图。只要这些都在同一张纸上，它们就可以相当容易地指明交叉参考，因为主题和走向都是互相交融的。

17.3 如何为小型（两人）会议制作思维导图

在会议中你能制作的最基本的思维导图是在两人之间。做两人思维导图，你需要：

- 共同确定会议主题/问题。
- 独自完成一张速射思维导图。
- 一同讨论、交换观点。
- 绘制一幅共同的思维导图。
- 休息一下，酝酿新观点。
- 返回来，重新修改共同的思维导图。
- 分析、作决策。

在一项历时很长的项目（比如写一本书）中，集体思维导图有几个好处。思维导图可以被用来组织、记录及诱发讨论，这正是此类项目会议中所需要的。使用思维导图能让你长期开展会议，保持连续性和动力。

17.4　如何在会议中制作集体思维导图

集体思维导图会带来一些激动人心的可能性，由个人组成的小组可以将个人的创造力进行综合和加倍。斯佩里实验室的迈克尔·布洛赫（Michael Bloch）将个人思维与集体思维导图结合起来的优点进行了很好的总结：

在日常生活中，我们接触到无数信息，这些信息对每个人都是独一无二的。正是因为这种独特性，每个人都拥有了属于自己的知识以及看问题的角度。因此，在解决问题时，与他人合作是极其有利的。将自己和他人的思维导图知识结合起来，我们将会深化彼此的联想。

在集体头脑风暴中，思维导图成为了集体思维的外在反映，或者说集体记忆的“书面材料”。通过这一过程，个人大脑将自己的能量结合起来创造了一个“集体大脑”。思维导图同时反映了这一过程的演进。集体思维导图达到最佳效果时，是无法与一个伟大思想家所创造的个人思维导图相区别的。

要创作一张集体思维导图，你需要遵循第16章中所描述的准备和应用细节，以及以下7个主要步骤。

第一步：定义主题

主题明确、定义精准、目标明确，每位成员都拥有可能与思考相关的所有信息。

第二步：个人头脑风暴

每位成员至少应该用1个小时进行速射思维导图以及重构和修订，列出主要分支和基本分类概念——这与第11章中增强创造性思维能力过程中的第1、第2阶段相同。

第三步：小型小组讨论

现在，整个集体被分成3~5个小型小组。每个小组的成员交换观点，并把他人的观点纳入自己的思维导图中。用时1小时。

极为重要的是，一定要保持一种完全积极开放的心态。无论一个成员提出什么观点，其他成员都必须表示支持和接受。这样，提出者的大脑就会受到鼓励，继续挖掘这一联想链。说不定这个联想链的下一个环节就会变成深刻的见解，虽然引发它的观点原本看来无力、愚蠢而又不相干。

第四步：作首个集体思维导图

完成小组讨论之后，就可以创作整个团队的首个集体思维导图了。

用一个巨型屏幕或者一张墙一样大的纸来记录基本结构。可以集体完成，每个小组出一个思维导图制作高手，或者由1个人完成，由他负责整个集体的记录；或者，用iMindMap和投影仪。色彩和代码样式必须要事先统一，以确保思维和重点的清晰。为主枝干选取基本分类概念，所有的观点都要融入思维导图。

第五步：酝酿

让集体思维导图“被领会”是极其重要的，因此此时需要进行一次集体休息。

第六步：第二次重构与修正

酝酿过后，为了抓住刚刚考虑和整合过的思考结果，需要重复第二、第三、第四步。也就是说，做个人速射思维导图，然后绘制含有主分支的思维导图，然后重构之，交换观点，小型小组重新修改思维导图，最终，绘制出第二幅集体思维导图。将两个大型思维导图进行对比，为最后阶段作准备。

第七步：分析和决策

在此阶段，整个集体运用两张思维导图作重要决定、制定目标和计划。

图17-1是关于集体思维导图的一个很好的例子。它由8人数字化管理小组完成，主题是团队的发展。他们的结论是绝对积极！

集体思维导图与传统头脑风暴大相径庭，传统头脑风暴需要一个领导小组的人，在活页插图或中央屏幕上用关键字列出其他成员的观点。这种做法是不高效的，因为公开场合提出的每个词或者概念都会产生一种向心力，这种向心力将所有成员的思维拉到了一个方向。传统头脑风暴的方法否定了个人大脑联合起来的力量，也无法获得起初便让每个人独自挖掘自身想法可能会带来的巨大好处。

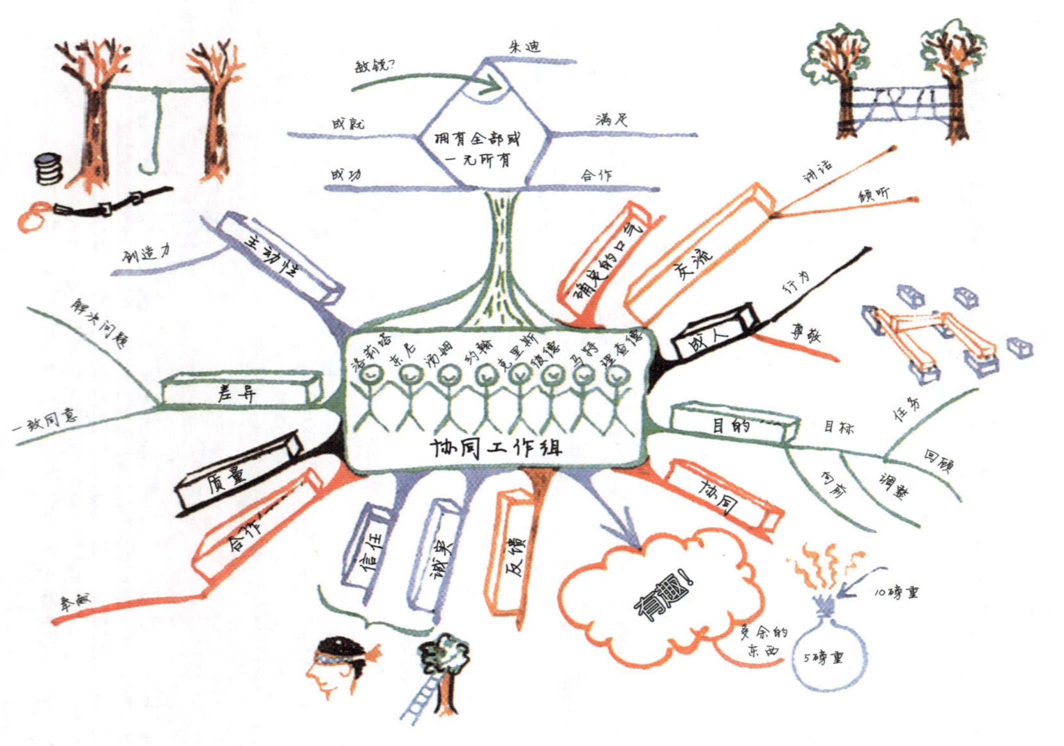

图 17-1　8 位数字化管理者就团队合作发展方面绘制的思维导图

17.5 大型会议的思维导图

对于大型会议，建议在一个较大的板、屏或者图表上画一幅大师级思维导图，以便让每个人都看得见。这样，被推举出来的记录员就可以把每个人的意见登记上去，并把它们放在整个会议框架里。这会避免把一些很好的、非常有见地的意见遗漏掉，还可以避免这些很好的、非常有见地的意见与常见问题之间总是无法融合的情况，因为传统的会议结构设置和记录会议纪要的方式，阻挡了集体的自然交流。集体思维导图可以把头脑风暴与计划合并在一起。

在会议中使用思维导图的特别益处是，思维导图会展现出会议真正的内容，使之更清晰，整个图景更有平衡感。研究表明，在传统会议当中，一般是给首先发言、最后发言、声音最高、讲话的声音很特别、用词水平较高或者职位更高的人以较多的注意力。而思维导图却打破了这种信息偏见，它会更加客观和综合地反映事实，可以让每个人都有被倾听的机会，也鼓励平均地参与，因而增强了团队精神。

17.6 用思维导图主持会议

主持会议的时候，思维导图可以起到非常重要的作用。会议主持人把会议日程用思维导图的形式确定下来，就可以用这个基本框架来补充思想，指导讨论，并把传统中用会议纪要的形式记录的东西用思维导图的形式勾勒出来。色彩性代码的使用可以用来指明行动、思想、问号和重要的区域。按照这种方式主持会议，主持会议的人更像旗舰上的船长，指挥船只安全地通过巨浪翻滚的思想之海。

另一个办法是让一位正式的思维导图制作人坐在主持人旁边，让主持人同时参与各个级别的活动，还可以不断地参考整个会议的各项进程情况。

下章简述

到目前为止，你应该已经开始明白思维导图是多么适用于工作场合，并且你也已经清楚地知道如何利用集体思维导图。思维导图在职场上的另一重要运用便是演讲，这正是下一章的重点。

用于演讲

作报告，不管是面对面的单个报告，还是面对一个小组或一大批人作报告，或者是视频会议，都是今天商业生活中非常重要的一个部分。可是，有相当多的人对在公开场合讲话怕得要命，他们对演讲的恐惧大过对蜘蛛、蛇蝎、疾病、战争，甚至死亡的恐惧！本章要告诉人们，思维导图如何帮助你克服这些恐惧，从而可以让你清晰地准备和提供信息及思想，一步一个脚印，越来越有效。

18.1 为什么要用思维导图作演讲

思维导图只有一页纸，使用它能让你解放出来，让你和观众进行强有力的互动。你再也不用担心笔记太多，演讲中途找不到要讲的内容。使用思维导图，你就不再是念现成的讲稿，而是自然地讲话，展示最真实的自己。你会发现在这种“自由”模式下，会出现各种即兴的东西，保持观众兴趣不减并使自己情绪高涨。

在美国华盛顿召开的一次为期3天的设计大会上，我们的第一位演讲人要作一个演讲，这次会议有2 300名代表参加，而我们的这位先生在75位演讲人中处于第72位。他得在一堵矮隔板后面发表演讲，而且被安排在“死亡档期”——即午饭之后立即开始的第一场。他不是一位训练有素的演讲人，等他讲到45分钟即演说的末尾时，大部分听者都快要睡着了。但他最后的结论性发言把大家都吵醒了：“我的天啊，最后一页不见了！”而最后一页确实是不见了！在极度慌乱之中，他一点也记不起来最后一页上写的是什么东西！

我们的第二位演讲人是位海军上将，他很出名，因为他有能力把最无聊透顶的报告操弄得生动有趣。他可以用口述实录员般的速度快速地念完报告，非常完美，但一点也不知道报告的内容是什么。这位海军上将被邀请去为几位高级海军官员作一个报告。因为时间不多，他让助手为他起草了一份1小时左右的讲话稿。他开始作报告，可是马上觉得事情有麻烦了，因为到了1个小时的时候，他发现才讲了一半，还有同样多页数的东西要讲。

最后，事情的真相露出来了——他把同一个演讲的两份复印件都拿在手里了。可真正的麻烦在于，整个报告的页码是按第一页、第一页、第二页、第二页、第三页、第三页这样的顺序排列的。但因为他的高级军衔，没有人敢指出；也许他是把记忆技巧中的重复这个方法用得过火了。如果他使用了思维导图，他就可以避免这种尴尬。

18.2 如何使用思维导图准备演讲

大多数演讲都没有达到应有的效果，因为人们不花时间进行准备。听起来简单，但我们中有很多人都不会在这一阶段花时间。

演讲本质上是你跟观众就某个问题进行交流。在进行有效交流之前，你需要确定讲话对象、讲话内容以及讲话方式，以取得最好效果。更重要的是，你会发现花时间进行准备，可以让你感觉自信、胸有成竹——这些你之前从不敢想！

下面我们将告诉你如何使用思维导图准备演讲。

1. 画一个能代表演讲主题的中央图。

2. 做一次快速点射思维导图，把呈现在脑海里并且与你选择的话题有关系的全部想法都画下来。

3. 再看看你刚做的快速点射思维导图，把主干和分支理清楚，再把脑海里出现的其他关系词也填进去。因为每个关键词都会给你至少一分钟的东西可以讲，所以要做一个一小时的演讲，把思维导图限制在最多50个关键词和图像的范围内将是一个好主意。

4. 再看看你的思维导图，再把它削减一些，把一些额外的材料删除掉。在这个阶段，你还应该填入一些代码，以指明你是否希望插入幻灯片、录像带、一些特别的交叉材料、例子等。

5. 现在考虑一下准备演讲主干的顺序，并把这个顺序用数字标出来。

6. 最后，把时间分配到每个主要分支上，再根据自己的演讲准备继续做下去！

18.3 自由与灵活——做一个思维导图的报告

使用你在准备过程中所绘制的思维导图。思维导图的视觉效果极佳，你不必拿着它，只要在附近，你就可以看到它的分支。你也可能发现在一开始的时候把思维导图打在屏幕上，向观众进行展示是有益的，你可以在不同阶段回顾思维导图，明确一下自己的进度。思维导图本就具有这些优点，因为它有趣，而且总是很美观。为了保持听众的兴趣，并确保他们跟上你思考的模式，可以在演讲的过程中扩充自己的思维导图，把它介绍成一个“简单的思想小图”。

与线性笔记比较起来，思维导图更便于演讲过程中的随时编辑，所以，确保思维导图在你身边，而且有现成的笔。如果听众在会议期间或会议之前产生了某种特别的需要，或者提出一些问题来，这时思维导图尤为有利，因为你可以立即将这些问题与思维导图联系起来，可以让你的演讲与特定的观众群联系起来。同样地，如果给你的演讲时间突然间延长或者缩短，你也可以很快而且容易地作出编辑处理。

思维导图的弹性允许你很容易地监测自己的进度，因而可以相应地加速或者扩充演讲。严格守时本身就会给人深刻印象，同时对别的演讲人和听众十分有礼貌也会令人印象深刻。

如果还有其他的人演讲，你可以很快地增加或者改变自己的思维导图，以强调突出那些你赞同的观点，不用再详细赘述！另一方面，如果前面的演讲人说了一些错误的或者不合逻辑的话，这些话可以与你自己的思维导图联系起来，然后扩充进你自己的报告中，从而激发后续的讨论和辩论。

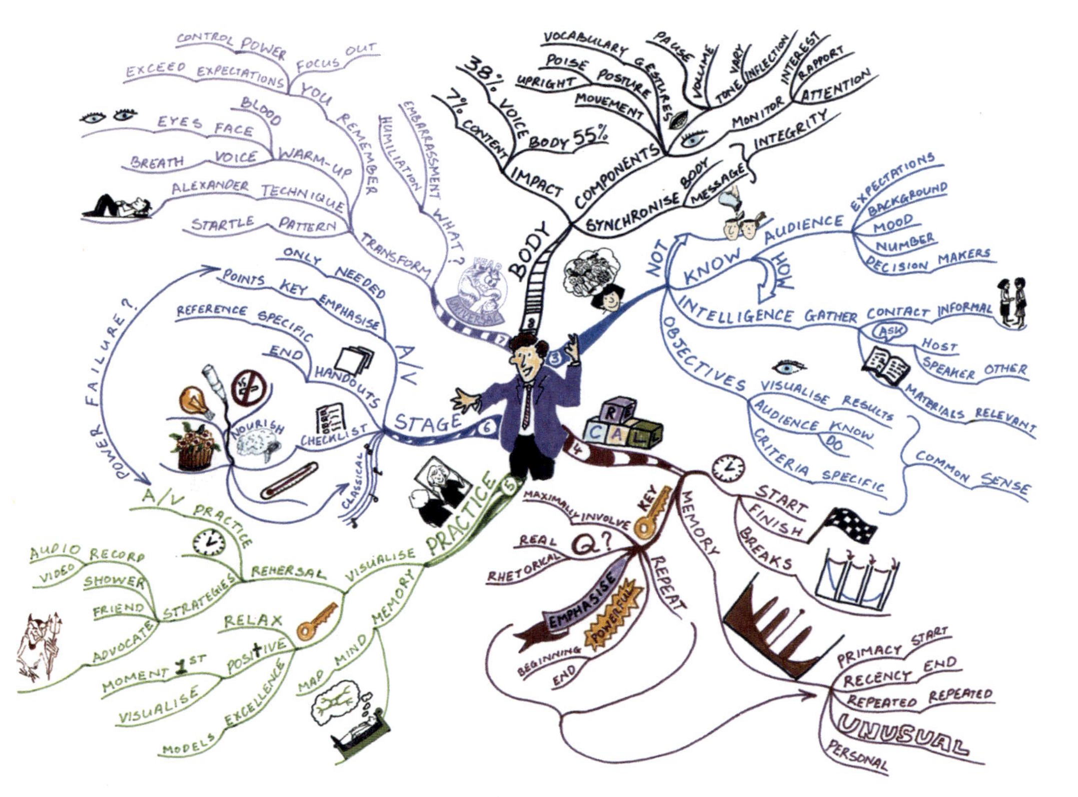

图 18-1　菲尔·钱伯斯就迈克尔·J.吉尔布所著的《展示自己》全书绘制的思维导图

18.4 利用思维导图作报告的范例

思维导图已经证明在演讲中如此有用，神经心理学家、作家迈克尔·J.吉尔布（Michael J.Gelb）以思维导图法为基础写了一本书：《展示自己》（*Present Yourself*）。

东尼·博赞为《展示自己》写了序言。图18-1就是对这本114页的书的快照。它是世界思维导图冠军菲尔·钱伯斯（Phil Chambers）所绘制的。这也解释了如何用思维导图的形式进行有效演讲。

图18-2是一幅由东尼·博赞画的思维导图。他是青年总裁组织学院的院长，这幅图用于一次为欢迎由教授和高级官员组成的国际团体所作的演讲。这幅思维导图既用做了开幕词，同时也是参与的教务人员作回顾时的讲稿。

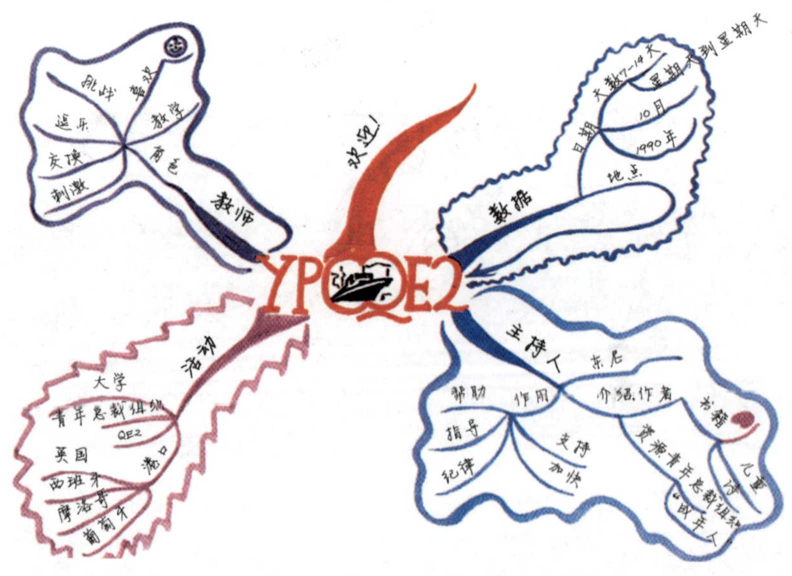

图 18-2　东尼·博赞为一个欢迎词制作的思维导图

图 18–3　雷蒙德·基恩为在西班牙电视台的一次演讲而准备的思维导图

图18–3上的思维导图的作者是国际象棋大师雷蒙德·基恩（Raymond Keene），大英帝国勋章获得者，《泰晤士报》和《观察家》杂志国际象棋版的记者，也是在象棋及思维领域多产的作家。这张思维导图是雷蒙德·基恩为在西班牙电视台用西班牙语作的一次演讲所作的准备，讲的是16世纪伟大的西班牙象棋大师和作家鲁依·洛佩茨（Ruy Lopez）及其对时代精神和政治造成的影响。

基恩是这样说的：

思维导图在准备一份演讲或者写作一篇文章时有两重好处：作者不断地受到思想之树分支的刺激，可以接受更新和更大胆的想法；同时，关键词和图像能够确保演讲和写作时的用词，大的方面不会遗漏掉。

思维导图在上下文中还特别有用。不需要翻动页码，就可以提前告诉听众相关的结构和关键词。因为你总是在同一张纸上忙着，你就可以告诉你的听众，你将要讲些什么，你可以非常有把握地说，过后你又可以重新归纳，以显示你已经证明了你的观点。而在线性笔记中，危险在于你只是在笔记完结的地方简单地打住，实际上是很随机的，经常是由

次序而不是意义来决定的。

假设演讲人能够完全有把握地掌握住自己的话题，关键词就可以起到点燃热情和引发即席演讲的催化剂作用，而不是枯燥地复述一些事实，这些事实通常是由时间而非有意义的内容来决定的（也就是说，讲座由主题的发生开始，然后在末了结束）。如果演讲人无法肯定地把握住主题，线性笔记就会把它弄得很糟。不管是写一篇文章还是开讲座，思维导图都会起到一种舵轮的作用，保证能顺利驶过陈述的海洋。

基恩写的这段话是作为《泰晤士报》的一篇文章的一部分，它的基础是一幅思维导图，并曾被用于西班牙电视台的一次讲座。

下章简述

探讨了思维导图在会议和演讲中的具体应用之后，下一章我们将把焦点扩大，去看看思维导图如何用来在许多其他管理环境里加强交流，提高效率。

用于经营管理

思维导图能够同时提供宏观和微观视野，因此是管理人员的完美工具。本章我们将探讨思维导图如何帮助管理人员提高团队表现、贯彻策略和进行整体沟通和计划。我们还会学习一些具体案例，对此进行说明。

19.1 为什么要用思维导图进行经营管理

管理方面的最大问题就是不够清晰，缺乏掌控和沟通。思维导图能够克服这一点，因为它能同时提供宏观和微观视野，不存在任何漏网之鱼。思维导图同样允许合作——创造集体思维导图的过程能将小组成员凝聚起来。思维导图也便于回忆——没有什么比那一沓沓笔记、图表更吓人了。思维导图则能够吸引人们并给人们参与感和归属感。

19.2 如何使用思维导图提高团队工作

也许这听上去让人很吃惊，也许一点儿也不吃惊，同一公司不同部门和小组并不真正知晓彼此所做的工作。具体可能是，不清楚个人的角色，也不清楚部门的角色。管理人员又怎么能期望小组和部门有效利用彼此的资源和技能，像团队一样一起工作呢？以下的思维导图练习是提高团队活力的有效方法。

练习

1. 将团队或部门分成4人左右的小组，让每一个团队或部门选取一个对象小组，进行思维导图培训。

2. 然后，每一个小组绘制一幅思维导图，先在思维导图的中央画上他们所选对象小组的图像。

3. 中央图像画好之后，小组的每位成员独自进行速射思维导图，以挖掘他们对对象小组目前的认知。

4. 之后，小组成员会合，为中央图像创作基本分类概念。可以按照团队或部门的不同角色进行组织，也可以按照团队的目标和结果组织。

5. 这些都完成之后，4人小组应该稍作休息，之后再根据已经添加上去的主枝干，结合他们刚刚从小组其他成员那里了解到的团队信息，进行另一轮速射思维导图。

6. 再添加次枝干以及必要的代码。

7. 小组对思维导图满意之后，就要一起讨论他们对同事的了解之处和不了解之处。

8. 这种讨论极具揭示性，所以每个小组的思维导图都应随着讨论的进行而不断修改和编辑。有可能会在讨论中产生第二幅思维导图，但永远记得保留原始图，形成一个前后对比图。

被日文版《GQ》（2006年11月号）誉为“日本第一行销大师”的神田昌典，是如今日本最有影响力的企业家之一。他用上述练习的变体提高了自己的公司Almacreations的团队合作力和员工表现力。

代表Almacreations公司8个部门的8个小组在一张巨型白纸上为公司部门绘制了思维导图。每个小组有4~6个人。画完思维导图后，参与者有机会看其他小组的思维导图。这样一来，大家就能找到各种方式在整个公司内创造团结，比如，市场部应该与系统开发部交换信息和观点，从而产生具有新意的想法和办法。这一练习也体现出部门组织的基本原理，有利于寻找可能或者必要的改正方式。

19.3　用思维导图传达观点

对于那些需要快速明了地传达重要甚至关键信息并使之难忘的管理人员来说，具有良好的视觉效果和巨大冲击力的思维导图非常理想。下面的例子向你展示了如何做到这一点，并鼓励你寻找运用思维导图和小组进行直接、有力沟通的方法。

19.3.1 被蛇咬伤后的救治方法

新西兰没有活的蛇，甚至动物园的安全观赏笼里也没有。活蛇不允许进入新西兰境内，因为一旦进入一条，它便能够进行繁殖，威胁到当地种类繁多的鸟类。蛇类还能带来寄生虫或人畜共通传染的疾病，伤害人类或者其他爬行动物，比如说濒危的大蜥蜴，它可是地球上与恐龙最近的物种。有些蛇有毒性，会对其他一些小动物和人类造成危险。

下面的思维导图由新西兰农林部的生物安全和新西兰生态保护部门联合推出，为那些因不懂被蛇咬伤后如何进行急救而有可能进行错误操作的人们提供指导。错误操作可能会致命。包扎技巧很关键（而且任何时候都不要去掉）；应该学习运用正确的包扎方法。对于需要检查出入境人员和货物的边境工作人员来说，它的价值正广为知晓。

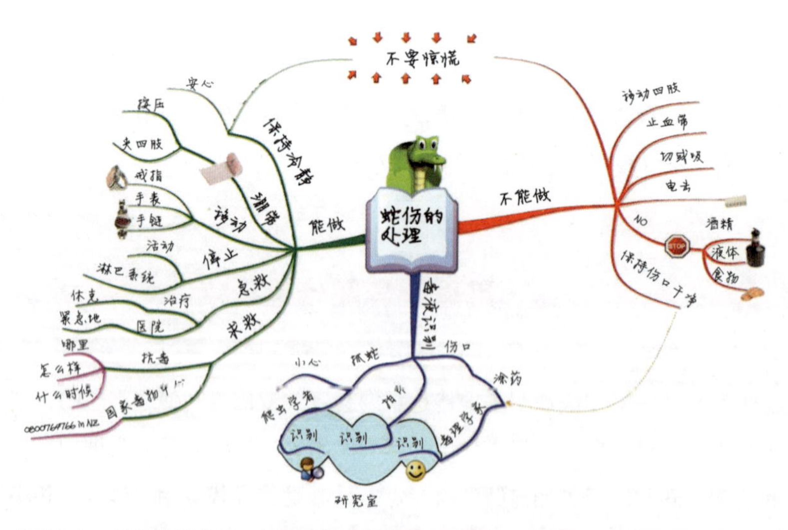

图 19-1 思维导图草稿。这幅图打破了常规思维导图的几条规则（你能找出是哪几条吗？），但却向野外工作者有效传达了处理蛇伤时的注意事项。

19.3.2 痱子

大英医院药房的高管们进行了一次思维导图工作坊练习。他们决定对其最知名的产品之一——蛇牌爽身粉——绘制一个思维导图。他们所绘制的思维导图（如图19-2所示）列出了产品的所有功能，而且非常成功地将观点进行了传达。后来这幅图进入了一家广告公司，竟成为当年一个广告活动“应对痱子的108种方式”的灵感来源。

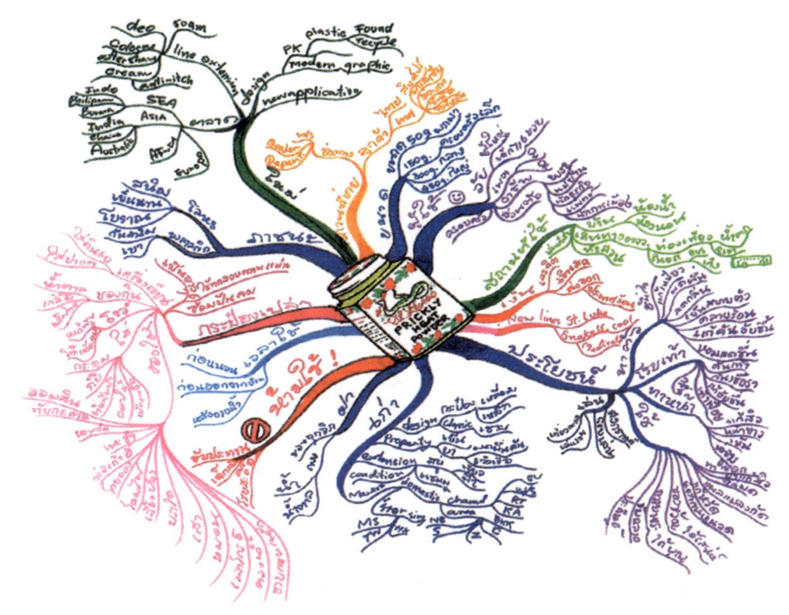

图 19-2 大英医院药房高管的“痱子粉”思维导图

不管你是在管理几个人还是在管理大部门、大组织，思维导图都能够为你提供许多方式来提高团队合作能力、加强沟通和策略，希望本章能鼓励你将它们运用到工作中。如果你想对其进行更加深入的研究，可以参照《思维导图 · 商务篇 I》（*Mind Maps for Business*），该书在这方面有更加详细的介绍。

图 19-3 新加坡教育部制作的思维导图，并用它与 28 000 名教师进行了沟通。

下章简述

现在，我们进入本书的最后一部分。这一部分将探讨思维导图的广阔未来。

iMindMap的理念与应用与我对工程、会议、任务、过程以及大型项目的看法和执行方式不谋而合。我知道它提高了我的生产力和创造力，我也正努力尝试着将这个概念传播到组织机构中去，让它们“试一试博赞”。那些包含图片和多彩有机分支的漂亮组织和结构不仅与项目计划紧密相关，而且真的对我起作用。

亨宁·德里克

地球之友协会总裁助理

THE MIND MAP BOOK

第五部分
思维导图与未来

最后一部分，我们将仔细探讨思维导图如何与技术相结合形成电子思维导图。我们将综合看待电子思维导图的优缺点，让你有一个全面的基础，知道如何在电脑上创造思维导图。这一部分及本书的结尾将以思维导图和大脑的未来结束。

计算机思维导图

本章介绍计算机思维导图，探讨其合理应用，以及用它完成思维导图所带来的优缺点。选取了博赞思维导图软件官方版本中的大量范例作参考。这一软件体现了传统手绘思维导图的原则。

学习这一章，你会发现从www.imindmap.com下载一个iMindMap软件的免费试用版将十分有益。

20.1 为什么要用电脑制作思维导图

对于我来说，线性计划才是真正的挑战，我已经制作手绘思维导图很多年了。电子版本可以让我随着时间的推移不断发展自己的想法。在我目前的工作中，它极其有用，因为我正从零开始构筑一个新工作项目。

——蕾切尔·古迪（Rachel Goode）

牛津大学出版社外联部主管

在当今这个高速运转的"信息时代"，用电脑制作思维导图为管理信息提供了无数令人激动而重要的可能性。我们所要处理的信息越来越多，处理信息的速度也越来越快，所以，利用全新的科技和工具辅助大脑正变得日益重要。

计算机思维导图能够将海量信息分条缕析、归类整理，这至关重要。它能帮助我们收集、获取、整合观点和知识，帮助我们充分发掘自己在工作和生活中的潜力。

20.2 如何用电脑制作思维导图

电脑正越来越接近人脑，产生出人脑才具有的机能和天性。iMindMap软件具有传统手绘思维导图的视觉多样性、流畅性，还具有传统手绘思维导图所不具有的便携性。比如，点击拖动一下鼠标，或者直接在平板电脑或互动式电子白板拖画，便能创作出自由流动的分支。你甚至可以将自己创造的图片插入思维导图之中！

计算机软件所具有的强劲性能组合可以从多方面帮助大脑进行有效的思维过程。除此之外，还有许多独立的软件程序和网上应用程序可以用，其中一些能够：

- 自动产生干净、绚丽的思维导图。
- 让你随心所欲地编辑和加强思维导图。
- 用一系列工具对数据进行高级分析和处理。
- 在诸如Outlook这样的地方分享并展示你的思维导图。
- 将思维导图转变成不同的沟通和报告形式。
- 自始至终组织、执行并跟踪项目。
- 与外部信息源相连。

20.3 计算机思维导图v.s.传统手绘思维导图

在任何需要产生想法、捕捉信息、解决问题、制定决策、学习或组织的情况下，都可以使用思维导图。手绘思维导图本身的手绘过程让它具有比计算机思维导图更高的创造性。然而，在很多你想制作思维导图的情况下，计算机思维导图能够更快地产生结果，并具有更大的灵活度。很显然，不管是手绘思维导图还是计算机思维导图，对个人、教育及专业产出都很重要。下面有一些计算机思维导图的示例。

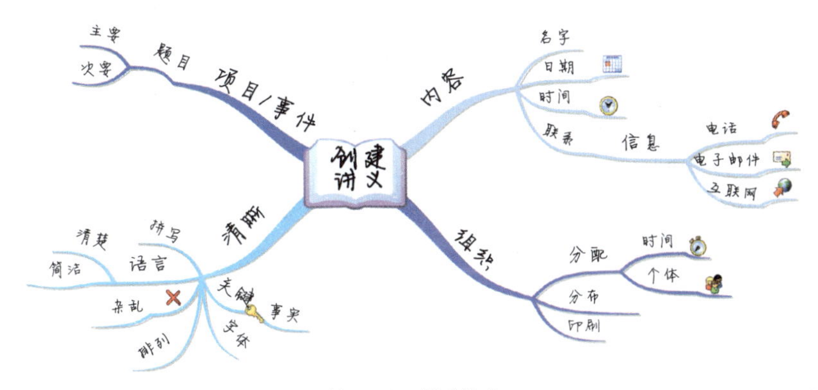

图 20-1　创建讲义

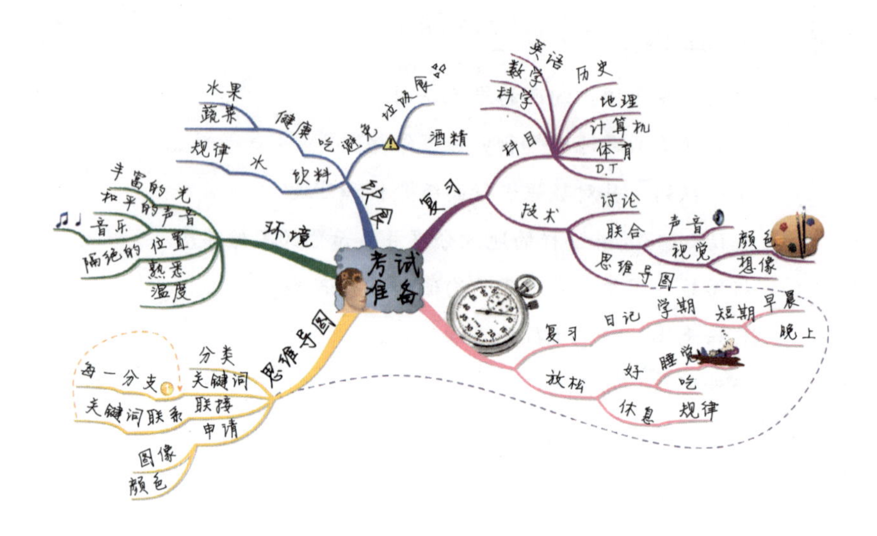

图 20-2 考试准备

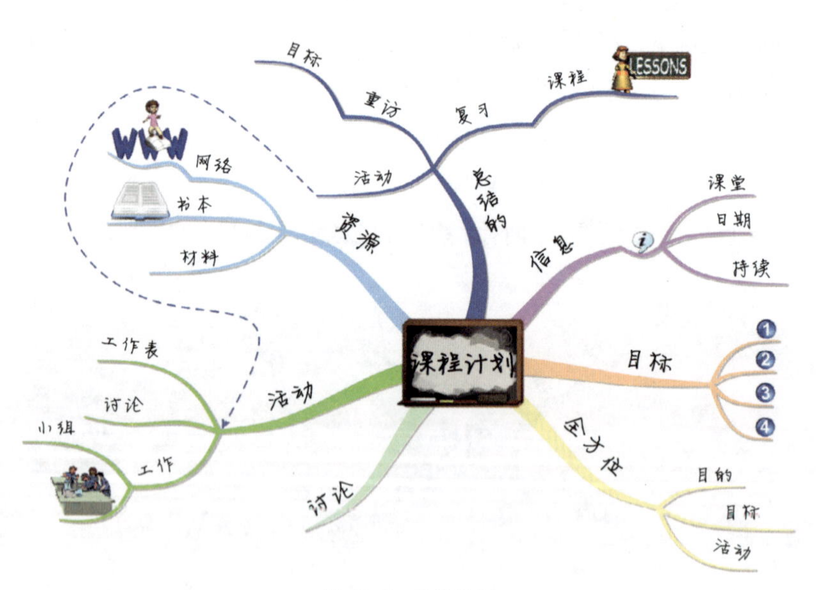

图 20-3 课程计划

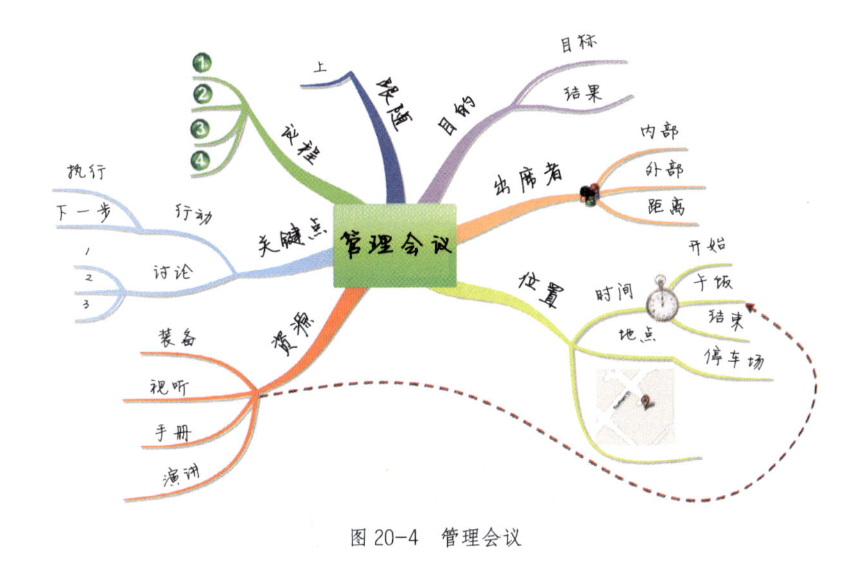

图 20-4　管理会议

20.4　计算机思维导图的优点

计算机思维导图有好几个优于手绘思维导图的功能，超越了很多传统技巧。这些优势势必让计算机思维导图受到更多的青睐。

20.4.1　全自动思维导图生成与加工

使用现代软件应用程序绘制计算机思维导图非常简单，也非常需要直觉。用计算机绘制思维导图不会出现用纸绘制时遇到的纸张大小不够用的问题！博赞的iMindMap是一个完美的软件工具，证明你可以多么轻松地制作思维导图。

中央主题

计算机会鼓励你创作一个中央主题（图像和标题），并把你所选择的中央图像放在屏幕的中央。

绘制分支

你可以选择通过从中央点击拖拉鼠标绘制自己的有机流畅分支，然后将各个主题放入其中；你也可以使用“快速思维导图”模式迅速利用键盘制作思维导图。比如，你给某一分支输入了一个主题，然后点击“返回”检查业已形成的分支。你只需要思考、打字，然后“返回”，你的思维导图就在眼前铺展开来了！你不必担心自己想法的精确顺序和位置，因为思维导图会自动为你组织，只要使用键盘上的箭头键就可以调整各个分支。

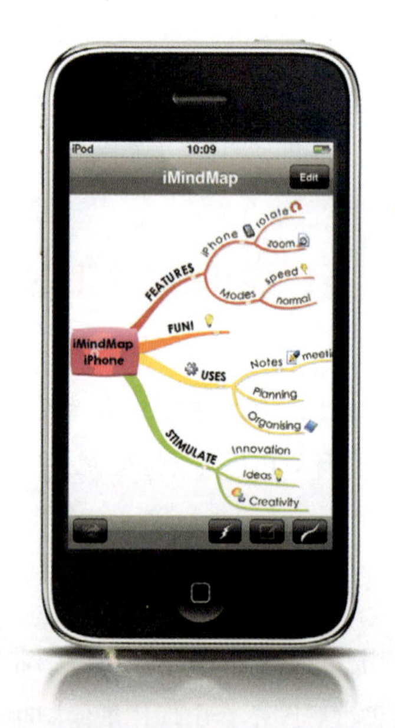

图 20-5　iPhone 上的思维导图：移动技术让用户可以随时随地绘制思维导图，不会再错过或者忘记任何灵感。

布局、颜色和字体

你不仅可以让自己的观点流畅，还可以用一些功能让自己的导图个性化。从线性、有机体到发散性等一系列布局中选择你想要的，并立即用此布局，选择前期个性化的设置自动为你的分支文字设定颜色和字体。

图像、重点和关系

当你完成了自由畅想，你可以返回思维导图，并运用可选的功能特性添加图像、重点以及关系箭头。关于图像，不限于你画的图片，还可以利用软件中或者网上可以找到的一系列剪贴画、3D动画、相片和视听文件。利用重点强调云系统可以马上将一幅复杂思维导图中的不同特征进行重点强调。比如，你可以用亮红色的云朵围绕所有“昂贵”的选择，或者用绿色的云围绕所有“伟大”的观点。所有这些“额外的东西”都会让你的思维导图更难忘、更有趣和更有创造性。

自动产生思维导图的另一个激动人心的选择就是“电子墨水”。你可以使用电子笔直接在平板电脑或者交互式白板上手绘思维导图，就像你在使用传统的纸和笔!

20.4.2　毫不费力的重构与编辑

一旦创作好了思维导图，你可以很容易地“修改”并重构它，让它更加有意义，或者给它加入新的观点和见解。思维导图软件给你掌控观点和信息的自由度和灵活度，这在其他类型的应用程序中前所未闻。

增加、去除以及移动分支

只用点击一下鼠标，你就可以在瞬间增加、去除或者移动关键词的分支。你可以对思维导图进行无数次调整，直到它完美地展现出你的观点。这在手绘思维导图中几乎是不可能做到的。每一次改变主题位置，你就改变了它的语境，从而激发大脑产生一些新想法，发现思维导图中其他想法间的不同联系。

改变分支属性

每个分支属性（形状、字体或颜色）都可以进行个性化设置，你可以应用定制风格。只要你想添加新意义或者重新对思维导图进行编码，这些特性都可以进行重设。

引进和编辑

许多软件程序允许你引进、保存和编辑先前其他思维导图应用程序中已经存在的思维导图。这可以节省你宝贵的时间，让你能够使用喜欢的软件程序进行个性化定制。

计算机思维导图的一个核心优势就是可以随着时间的推移不断发展，你不用从头重新绘制思维导图，即使你想把它另作他用。你可以马上用同一款思维导图进行演变。

20.4.3 提高信息分析和管理水平

计算机思维导图为你提供的信息交互量远远超过了你在手绘图中所有获得的信息交互量。事实上，计算机思维导图可以很轻松地转变成严肃的知识管理工具，是处理超负荷信息和进行深度分析的完美工具。

导航

计算机思维导图的一个重要特性就是能够在更广阔的范围内进行探索和导航而不迷失。而思维导图浏览器提供了一种类似于细分目录结构的大纲分层功能，你可以用它来浏览大的思维导图，叠加思维导图，或放大任何一处你想改变的部分。

扩展和分解分支

扩展和分解分支的功能让你在同一篇文档中既能看到全景，也能“深入”细节。在完成一项复杂计划时，这一功能尤其重要，因为你能够在自己的思维导图中清晰地储存大量信息，而不用被它吓到。

聚焦

当你通过思维导图浏览器点击每一个分支结构时，所选分支及其次级分支就会自动生成一个新的思维导图。在这个新的思维导图当中，你所选择的分支将位于中心位置，成为该导图的中心图像。没有之前思维导图的干扰，你可以集中关注新的主题，客观地看待上面的观点和信息。总而言之，这会大大刺激创新思维。

搜索

许多思维导图程序具有搜索关键词或短语的功能。通过改变重点搜索内容，你可以更加有效地反思和分析思维导图，产生更多深刻的见地。如果你正在进行一项大型而又复杂的思维导图，它将是极其有用的工具。

20.4.4 绘制“视觉数据库”的能力——添加信息

使用单一关键词在每个分支上简要介绍主题，这对绘制一张优秀的思维导图来说至关重要，因为它开启了思维的新方向。但是，有时你或许需要为自己或他人做一些解释，写稍微长点儿的句子，或者参考电脑内联网或外联网上更加详细的信息。计算机思维导图能够让你做到这一点，它可以将多余的信息隐藏起来，只在需要的时候出现，将你的思维导图变成一个结构清晰的视觉前沿阵地。计算机思维导图可以避免信息的杂乱无章，让你更迅速更容易地找到所需信息，它将成为应对信息过载的主要方式。

笔记

你可以使用拥有整套文字处理功能的“笔记编辑器”窗口来给思维导图中的各个分支添加笔记。笔记的内容可多可少，只要能保证你或者信息接受者了解主要信息即可。

连接

你可以给思维导图中的任一分支添加诸如文档、网站、统一资源定位器（urls）、应用程序、其他思维导图及文件夹一类的东西。添加到一个分支上的连接数并没有限制，因此你可以从各种信息源中收集信息，从而增强理解。只要点击一下，便能马上获得所有的支持信息。

这些性能对于工作和学习来说都非常理想。学习时，你可以将所有的学习内容与思维导图相连接，一旦你学会了，就只需要用思维导图中的关键词进行回顾。工作中，你只需要一个知识数据库，也就是说你将花费更少的时间寻找关键文档和信息，实现更多的目标。

20.4.5 高级组织与任务执行

在任何一个需要组织的工作中，比如新项目，你都可以把计算机思维导图当作一个高效的前沿处理器，进行会议安排和制作待办事项列表。但是，计算机思维导图并不只是在起初起作用，在工作进程中，它也是管理项目和监控进程的一个有力工具。许多软件包包含整合完全的项目管理系统，用来组织各种项目计划，比如聚会计划、预算管理和产品开发过程。

项目管理工具

你可以在自己的思维导图中找出关键项目任务，给每个任务附加详细信息，包括起止日期、期限、大事记、重点及完成进度。传统项目管理工具，比如甘特图以及时间轴常常在软件中进行彻底融合，帮助你查看项目进度，而且你的项目数据也可以输出到MSP，进行进一步操作。

单一任务管理

一些软件工具能够为项目任务进行有效的资源分配。比如，你可以从Outlook获取相关联系方式，然后给它们安排项目任务。安排完成后，你就可以将任务和大事信息传入Outlook，将详细的信息发给合适的联系人。然后你就可以通过Outlook跟进进程，直到它们完成为止。

20.4.6 支持有效的团队合作

计算机思维导图支持各种模式的团队合作，帮助团队有效地产出集体创造力和利用集体智慧。

比如，如果你正在完成的一项思维导图陷入了审批周期，或者你只有一个初步想法，需要他人帮你充实，你就可以使用计算机思维导图从小组成员或同事那里获取内容。把你的思维导图发给目标人群，听取他们的意见；或者将其上传到一个共享工作空间，所有参与者添加的部门都将经过编码并且标注特定的属性。这样，当思维导图回到初始制作人手中时，每个人的意见都可以经过解压而自动融合在同一幅思维导图上，并且在达成一致的过程中极大地缩短时间。对于进行中的项目来说，建立一个视觉词汇库是一个好办法，它可以规定共享思维导图中所使用的符号、颜色以及风格的标准用法。在和你的组员建立起一套公认的表示系统之后，你就可以连续使用这些符号了。

小组成员可以围绕在大屏幕上的思维导图周围，共同对它进行修订。对于小组会议和头脑风暴来说，这是一个行之有效的方法。看到所记录的观点和信息在会议过程中“活灵活现”，让计算机思维导图有了一种活页图和彩笔所不能相比拟的能力。

不管运用什么思维方法，计算机思维导图都能让全组成员看到“宏观图”，并让大家友好而投入地得出集体讨论的结果。他们同样也努力缩短达成一致所要耗费的时间。

20.4.7 分享和发布的无数选择

计算机思维导图看起来既美观又高质量，在与他人分享重要信息时，可以应用这一工具。软件程序有很多选择，可以让他人迅速看到你的思维导图：

- 打印——如果你想使用纸质思维导图，则选择程序中的打印，它可以给你提供很多格式，比如，一页或多页，彩色或黑白，有或没有页眉，文本框架，等等。
- 图片——你可以把思维导图做成一个图片文件（JPEG，Bitmap等），然后选择你需要的图片质量。
- 网页——你可以把思维导图做成一个网页，上传到网站，供他人浏览。
- 可缩放矢量图形（SVG）——如果你想将思维导图做成高质量图片，SVG就是你的理想选择。你可以在海报、书籍、Adobe Illustrator软件包里使用这些图片，或者将它们发到网站上。
- Adobe PDF——你可以将自己的思维导图做成一个PDF文件，并做成只读模式。文件中提供方便他人浏览的链接和笔记。PDF文件格式是可以全球发布的标准电子文档格式。

20.4.8 各种展示模式

思维导图软件的一个巨大优势就是你可以把它当作活工具来展示观点，这一点比手绘思维导图容易多了。你可以运用很多方法使用软件使展示生动有力：逐个拓展分支；交互式展示；集中于具体主题。

逐个拓展分支

起初将思维导图中的所有分支收起来，你就可以逐个拓展分支了。

逐步展示的方法可以保持观众对当下主题的关注度。你可以控制每次显示的信息量，降低观众被吓到的可能性。

交互式展示

用博赞的iMindMap软件，你就可以把材料做成动画思维导图。每一个分支都作为一张幻灯片，按照预设的时间顺序播放。这种方法真正让你的思维导图活灵活现，真正抓住观众！

集中于具体主题

使用“聚散焦”工具，你可以暂时把思维导图中一个特别的分支拉近，把它变成一个全新的中央观点。这一点特别有利于观众参与，你也可以把他们的观点和想法加到相关的新分支上。

使用思维导图做报告的优点甚至在演讲之后还可以看到。实际上，你可以确保报告结束后，你的材料已经上传到网上，可供观众查阅。你可以很容易地将思维导图上传到网站上，并给各个分支添加额外信息，比如文件或网络链接，以帮助观众跟进感兴趣的信息。所有的这些都给思维导图软件带来了全新的互动性。

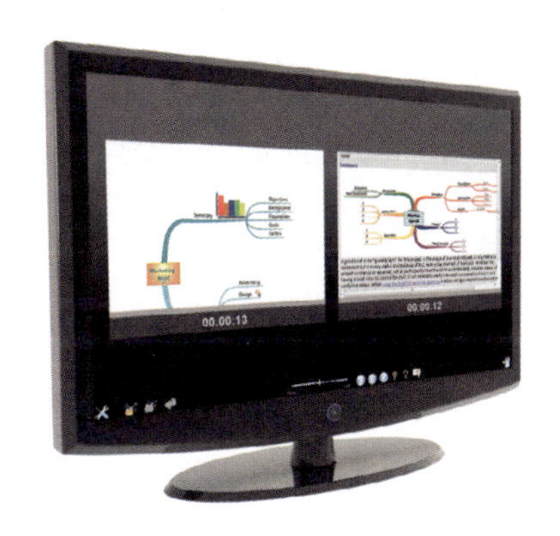

图 20-6　在报告中活用思维导图软件

20.4.9 转换为交流与报告的传统形式

在现代商业社会，用手绘彩图向同事或上司呈现你的计划或进展并非真的可为人接受。商业决策是根据各种报告、建议、陈述和项目计划而做出的。你只需轻点鼠标，给各分支添加属性，计算机思维导图系统就可以将你的思维导图转换成一系列的专业格式。比如，你可以将思维导图做成Word文档、PPT幻灯片、Microsoft Project计划书。所以，当你的同事、经理或者客户要求写一个文档、电子表格、报告、或者MS Project计划书的时候，你不再需要做大量的准备工作了——计算机软件帮你完成一切。

比如，运用博赞iMindMap软件，你可以将思维导图转换成以下形式：

- 文本文档——你可以将思维导图导成Word文档或者Open-Office Writer文字处理器中特定格式的文本。
- 电子表格——如果你的思维导图中包含财务预估、成本、销售报告或者其他财务数据，你就可以用Excel或者Open-Office Calc试算表把它做成电子表格。
- 展示——你可以用诸如PPT、OpenOffice Impress或者Mac Keynote之类的应用程序把你的思维导图制作成一个标准的“幻灯片演示”或者用一张栩栩如生的思维导图幻灯片来展示。
- 项目计划——将你的思维导图导入Microsoft Project，你可以用软件功能完成进一步分析。

思维导图可被导出是一个巨大的优势，它能将思维导图转换成最有利的形式。作为商务人员和专业人员所必须完成的众多任务的创造性前端，你的计算机思维导图几乎成为完成任何项目或任务时，形成组织观点的起点。

20.5　什么情况下应使用思维导图?

计算机思维导图不是将想法简单地进行视觉呈现。它是一个绝佳的工具，能够快速产生、重组、整理观点和信息，能够促进人与人之间的合作。鉴于此，计算机思维导图对于一些商业、教育及个人活动有不可限量的价值。以下是一些例子。

会议

思维导图软件可以应用到会议的方方面面，设置会议日程、做会议记录以及会后给与会人员分发笔记或会议记录。

你可以将会议日程做成思维导图，并在会议前将它导成如PDF之类的标准、易读格式，分发给与会人员。大多数思维导图软件工具具有打印、发送邮件或者将思维导图导入其他应用程序的功能，可以方便又快捷地分发给他人。进行会议时，你可以将起初的日程思维导图看作一张模板、快速记录所讲的信息和笔记，不用担心自己是否字迹潦草、记录不清。不管你是为自己做笔记还是为整场会议做记录，计算机思维导图都可以将会议结构压缩得简明扼要，个人观点的相对重要性与事实观点的呈现方式互相联系。计算机思维导图不像纸张或者活页挂图，不会受到大小限制，你可以自由地添加你想添加的任何观点并扩充你的思维导图。

会议结束之后，用思维导图所做的会议纪要可以马上分发给与会人员，保持会议过程中所激发的热情。

头脑风暴

计算机思维导图是理想的头脑风暴工具。使用“快速思维导图”模式，你可以马上将所有的观点直接转移到思维导图之上。导图分支会自动创建，所以你不用担心结构和层级，就让你的想法自由流动。之后，你可以修改和重组思维导图，不需要从零开始重新起草。

思维导图软件还开启了团队头脑风暴的可能，带来全新的团队创造结果，而传统的手绘思维导图却不能做到。团队成员提出的观点可以记录并展示在计算机思维导图中，然后再用投影仪放到屏幕上，这样，就可以围绕"思维导图"形成一个"创造性团队"，创造之泉继而自然流淌。

我是在我们研发主管的推荐下开始使用iMindMap软件的。我用它进行头脑风暴，将新观点、新想法和新行动等组合在一起，发展我们的策略计划、项目和政策，尤其是在计划完成后。

我们所做的事情是多种多样和多方多面的——计划、收集所有的观点、技巧和想法是至关重要的。

——大卫·麦克纳利（David Mcnally），
威尔士健身俱乐部首席执行官

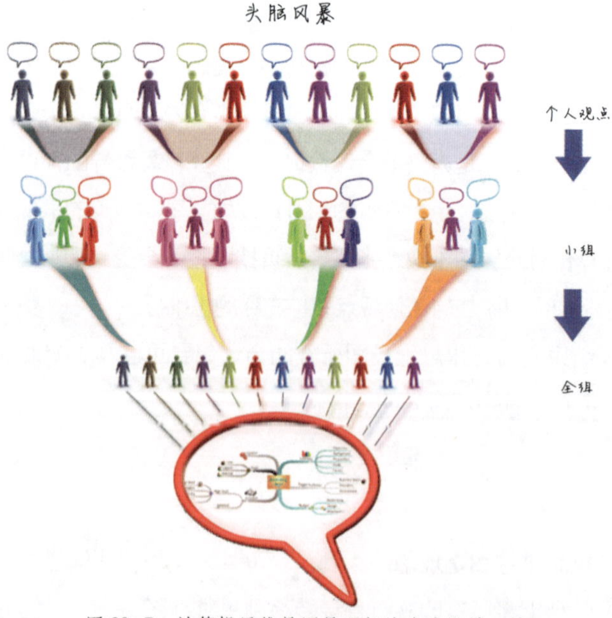

图 20-7 计算机思维导图是理想的头脑风暴工具

谈判

不管你是要买房、卖新产品，还是进行一次商业冒险，计算机思维导图都能帮你成功度过每一阶段，增加双赢的可能性。

你不仅可以把计算机思维导图当作一个框架，确保为谈判作好准备；你也可以在谈判过程中使用思维导图以满怀信心地掌控整个过程。思维导图软件可以是一个展示设备，通过它，你可以用一种清晰而有趣的方式向对方说明自己的情况。或者，与对方一起创作一张思维导图模板，组织和记录正常谈判，将它作为一个达成共识的工具。思维导图模板可以提前准备，也可以谈判初期准备，在谈判时填写，双方共同作出贡献。使用思维导图软件真的可以加快谈判的进程。也不用延误时间撰写交易确认书。迅速打印好思维导图，双方便拥有了圆满的谈判记录，可以各自离开了。

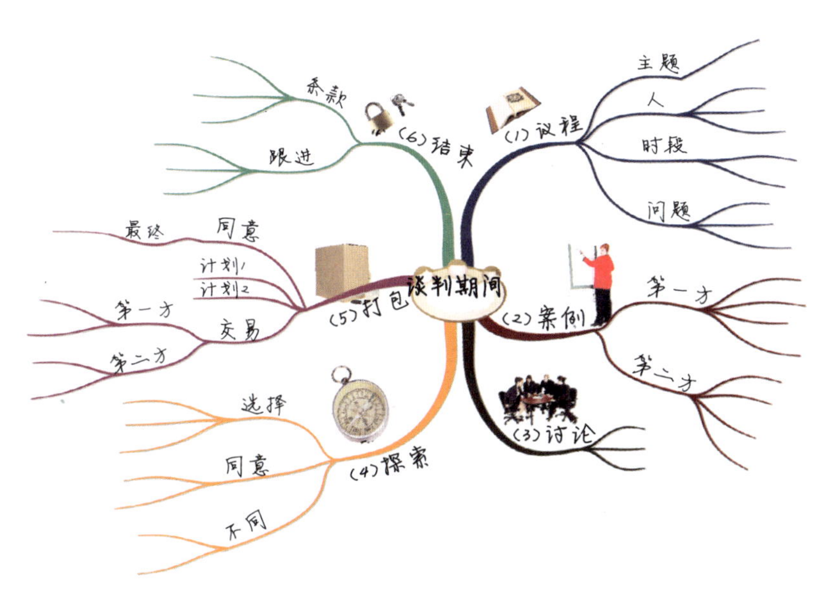

图 20-8 思维导图对组织和记录谈判非常有用

个人目标设定

在设定未来方向时，思维导图可以很好地让你投入其中。你不仅可以用它确定目标、执行计划，也可以用它监控进度。

对于生活（比如：工作、家庭等）中的每一个重要角色或功能，你可以将它们设定为长期目标，并把它分解成不同阶段的短期目标。通过应用软件中不同的编号、标记、连接以及强调功能，你可以很轻松地标注每个目标的轻重缓急，把目标与其他角色或功能联系起来。你也不用仅仅停留在目标上。思维导图软件可以让你继续添加“人物、事件、时间、地点以及原因”等等一系列达到目标所必须的要素，并给每个分支添上有细节的笔记。如果有需要，你可以连接其他一些思维导图，继续进行更加细致的规划。

现在许多思维导图程序提供绝佳的项目管理设备，你可以用它设定与主目标相关的时间跨度、重大事件以及优先事宜。每个目标的完成进度容易追踪。思维导图因此而变成一个持续互动的个人成就记录。

策略开发

计算机思维导图是公司制定和展开策略的绝佳工具。先在中央画上公司的愿景，然后用计算机思维导图勾画出实现愿景的策略和目标。在明确了公司的长短期策略之后，你就可以运用软件的多种功能深入下去，可以使用附件、笔记或者链接更详细思维导图，为每个策略添上细节信息。

策略思维导图也可以为员工提供高度统一的概览。有了思维导图软件，你就可以很容易地将策略思维导图导成标准商务文件格式，比如PDF，然后分发给全公司的员工，从而引导和鼓励他们。

项目管理

许多软件包为你提供管理各种项目的全套工具，从初始计划阶段一直到最终结果报告阶段。

运用软件绘制出项目思维导图后，你就可以将所有的项目信息存放在一个地方，以保持专注和条理。观点、项目目标、问题、研究需要、团队角色以及责任等信息都可以囊括进去，还可以连接一些你或同事可能需要快速查询的其他相关资源（如：网站、文件、报告）。把笔记链接在分支上，你就可以将附加信息隐藏起来，在做好准备后进行查看。

许多软件包中可用的项目管理功能还可以让你确定项目的重大节点、跟踪项目关键因素的进程。通过核查每个任务的“完成百分比”情况，你可以马上确定进度。

如果你想经常使用思维导图进行项目规划和管理，你可以用思维导图软件制作一张思维导图模板，作为每个新项目的起点，提高工作效率。这不仅可以节省时间，还可以确保你总是收集到每个新项目的所有相关信息。

iMindMap是我每天都会用到的最有用的组织工具之一。只要我想整理思想，不管是做培训课程还是管理项目，我都会使用它。在开会或者作报告中使用它时，我常听人们说有了思维导图之后，主题更容易理解了。iMindMap真是帮助我事业有成的无价之宝。

——尼尔·夸格（Neil Quiogue）

开发了《植物大战僵尸》的宝开游戏国际的信息安全高管

成果评估

在进行成果评估时使用思维导图软件有几个好处。它可以消除书面评估的局限，让评估过程更加统一，并减少延时。

准备一张以颜色编码的思维导图模板，它可以为评估提供一个简要框架，衡量员工的长处、表现欠佳之处以及所需的训练或发展。之后还可以在笔记本上对其进行编辑，在评估过程中充实，管理者和员工都可以对此作出贡献。与纸质思维导图评估不同，计算机思维导图评估可以尽情扩展下去，所需的只是添加更多的分支或给具体分支附加详细笔记。使用模板可以提高全员的执行效率，给整个评估过程带来一致性。

使用软件可以更加方便地按照需求调整评估结构，为管理职责以及人力资源部门带来更大的价值。比如，你可以制作专注于更加具体的技巧和能力的思维导图模板，比如技术、管理、工作技能、产能、个人素质以及沟通。

最后，使用思维导图软件可以加快整个评估过程。被评人员不用等待评估人员撰写结果——评估结束之后，他们立即可以拿到打印好的评估思维导图，或马上收到评估思维导图邮件，从而迅速开始必要的训练和提高。

团队合作/集体工作

计算机思维导图是与他人一起制订各种计划或者实施项目的完美工具，比如新产品开发过程。它最大的价值在于取得所有相关人员的支持，保证计划或项目得到最大支持。

你可以给重要人员发邮件，让他们对你的思维导图进行反馈，从而也让他们有所贡献；或者将它上传到一个共享空间，其他组员可以在这里贡献他们的观点或评价。

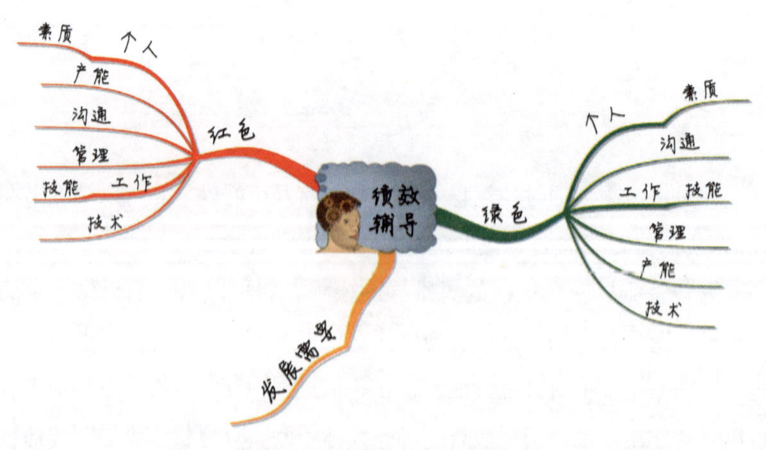

图 20-9 iMindMap 绩效评估模板

另外，你还可以运用整套项目管理功能为合作过程增加分量，可以标出重要节点、优先事宜以及每个主要任务具体的“完成度”。

让他人加入计算机思维导图的主动发展中，不仅可以让他们更好地理解采取主战略的好处，还可以让他们更富激情地执行具体的任务。

人生管理

思维导图软件可以被当作“信息仪表板”得到有效应用，它能帮助人们管理个人及职业生活。

你可以创作一张“信息仪表板”思维导图，作为你人生各方面的中心，总结主要信息，比如：日历、联系方式、观点、主要文档或文件、重大项目和重要备忘事件等等。每一个主题都可以包括笔记或与其他相关信息源相联系。你甚至可以将分支与专注于每个主要方面的次级思维导图相连。

思维导图软件能够将你需要安排在一张视觉思维导图的所有信息有效合并起来，而它的美丽之处就在于，它有无数的组织方式，你可以按照个人偏好和具体目的进行个性化操作。

20.6　未来的计算机思维导图

到目前为止，计算机思维导图软件已经赋予了我们杰出的能力，提高了个人以及职业成效。它为我们提供了一种创造性地整合信息的方法，并鼓励我们更加有效地掌控注意力。因此，随着科技的不断发展，我们又会对思维导图有什么样的期待呢？在此，我们将探索一些令人兴奋的技术，这些技术将使思维导图更成熟、更灵活。

20.6.1　“不用手”的思维导图

声音识别技术支持软件的最新发展将会赋予思维导图声控功能。

你可以使用大量的声音命令来添加和编辑主题、次主题、标示，等等，不再需要用电脑键盘或者鼠标进行操作。声控技术和思维导图软件结合起来会有巨大的产出性，它能改善会议及头脑风暴活动的组织方式，帮助人们节约时间和克服信息过载。它也为残障人士创造了一个平等的平台，使他们能够自由组织思想并与他人沟通。

20.6.2 移动的思维导图

技术的快速发展让手提电脑和移动电话的功能越来越强大，于是，把它们与计算机思维导图软件结合起来就变成了一条明晰可见的道路。计算机思维导图真的可以移动起来！你将可以用手机或手提电脑制作、编辑思维导图，并马上将它发送给指定接收人。这一进步将使思维导图与我们的生活更紧密地连接。

20.6.3 在线/桌面思维导图的结合

许多软件包是以桌面思维导图为基础的。随着因特网的日益重要和日益普及，未来的思维导图将会是在线应用和桌面应用的融合。比如：你不但可以通过桌面软件进行网络搜索和在线数据查询，还可以通过桌面和网络综合应用程序连接以及编辑思维导图。无缝融合可以线下操作，而且，一旦联网，它便能够自动与线上文件同步。

20.6.4 更加强大的数据库连接

通过加密，思维导图软件可以连接到公司数据库，比如客户关系管理（CRM）以及物料需求计划（MRP）系统，让你无缝搜寻和提取思维导图信息。对于复杂思维导图项目来说，这尤其重要，它能够巩固大量信息，并将思维导图“仪表板”提升到下一级别。

20.6.5 改善合作机制

思维导图软件用户可以加强计算机思维导图的产出潜力，用户无须注册授权软件或者文件浏览器就可以共享思维导图的全部内容。他人甚至可以编辑你的思维导图，带来更多的合作机会。

20.6.6 Web 2.0连接

思维导图软件能够与下一代Web 2.0工具互动，比如社交网站（Facebook等）、微博以及用户自创视频（YouTube等）。这些工具鼓励广泛参与与合作，并改变着人们的沟通方式。思维导图也可以反映这些，你可以将这些工具中的部门讨论内容转移到思维导图中。

很明显，计算机思维导图的未来是激动人心的。计算机功能的不断强大，将给思维导图软件用户带来更大的灵活度和自由度。思维导图技术将日趋成熟，成为个人及公司解决任何问题的最佳工具，激发人们实现主要目标和愿景的潜力。

下章简述

机器和人工智能不断发展，并驾齐驱，我们的未来究竟会怎样？前文已经强调了一些可能性，最后一章，东尼·博赞将从个人角度阐述他对智力、思维导图及未来的看法。

未来是发散性的

懂得大脑知识后，每个人都知道人类大脑中本就存在尚未开发的聪明才智，知道大脑的惊人结构和功能，知道包括记忆力、创造力、学习能力以及各种思维能力在内的各种独特认知技能怎样运作和应用。我发现思维导图可以作为帮助人们认识、接近和使用大脑无限能力的方式。

图21-1　星云天然结构，代表已知宇宙中最漂亮、最复杂、最神秘、最强大的物体——大脑。

21.1　学习革命

随着这本书的出版，我可以自豪地回顾思维导图自诞生以来的50多年，并惊异于已发生和正在发生的学习革命，我相信，思维导图的作用必不可少。

21.2　大脑明星

20世纪先是有电影明星，很快又有很多的歌星、摇滚之王、流行歌星和运动明星。21世纪是大脑的世纪，已经有了一大批大脑明星，他们都拥有一个健康的身体和健康的大脑。目前，运动员及世界级象棋冠军加里·卡斯帕罗夫（Gary Kasparov）已经成为全世界数百万儿童的偶像，他们的卧室里悬挂着他的海报，并都梦想成为国际象棋大师和世界冠军。

同样地，美丽迷人的匈牙利姑娘朱迪特·波尔加（Judit Polgar）也成了最年轻的国际象棋大师，她也是一个偶像。首位世界记忆锦标赛八连冠霸主多米尼克·奥布莱恩（Dominic O'Brien）用记忆思维导图来帮助他记忆大量打破纪录的数据，他现在经常出现在国际电视节目里。还有雷蒙德·基恩，他是思维游戏大师，他写的思维游戏方面的书打破了世界纪录（多达100多本）。他通过思维导图、文章、书籍和电视表演吸引了多达18万人的追随者。有时人们为了看他的节目会一直等到凌晨1点。这些人数不断增多的明星队伍里还包括爱德华·德·博诺，他周游世界，四处游说水平思维。还有剑桥的物理学家斯蒂芬·霍金，他的《时间简史》（*A Brief History of Time*）畅销至今，是出版史上保持畅销时间最长的一本书。另外还有已故的卡尔·萨根（Carl Sagan），他是位有名的宇航员，领导着众多有兴趣的人用数十亿美元去寻找存在于地球之外的智力。还有奥玛·沙里夫（Omar Sharif），他是位智力极高的桥牌高手，现在已成为一名演员。还有现年65岁、博学多才的数学教授和国际跳棋的冠军马里恩·汀斯雷（Marion Tinsley）。汀斯雷不相信关于年龄和思维能力等神话，自1954年以来他一直是世界国际跳棋的冠军，这么多年来他只输过7次。1992年，他打败了世界二号棋手奇努克（Chinlook），这是一个计算机程序的名字。他说，他只不过使用了自己发散性思维能力的一小部分就打败了奇努克，而奇努克每分钟可以运算300万次，它的数据库里存有270亿个布棋位置！伴随这股潮流，一些智力测验游戏程序如《英国大脑》（*Brain of Britain*）和《大师头脑》（*Mastermind*）等也越来越受人欢迎，大脑信托慈善协会还设置了“年度最佳大脑人物”等奖项。这个奖项最近颁发给了在大脑研究方面作出贡献的苏珊·格林菲尔德（Susan Greenfield）女男爵，以表彰她在大脑科学公益事业上的杰出表现。

21.3 教学

思维导图是理想的备课工具，尤其是在目前增长最快的领域之一：语言训练。思维导图可以经设计用来激发学生的大脑，让他们在学习过程中产生问题，鼓励他们讨论、进行活动。这幅思维导图显示了它如何被用来教授语法。它由瑞典语言学大师及老师拉斯·索德伯格（Lars Soderberg）绘制，将法语语法的主要方面综合到了一张纸上。这一张“视觉”思维导图融合了很多人觉得非常困难的内容，而且清晰直观，一目了然。

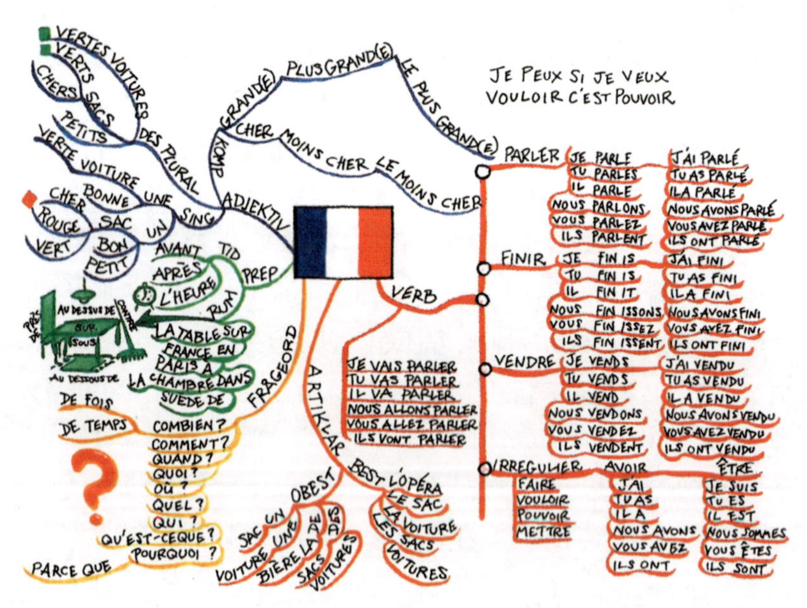

图 21-2 拉斯·索德伯格绘制的法语语法概览思维导图

21.4 特殊教育

对于有学习障碍的人来说，思维导图极其有用。以下的思维导图是东尼和一个叫“蒂米”的9岁男孩共同完成的。蒂米曾患过严重脑瘫，也就是说他的运动功能严重损伤。许多人认为他没有学习能力、并且智力有问题。

东尼与他玩了一下午，他们身边堆满了彩笔和白纸，后来东尼让他说自己家人的名字。蒂米仔细看东尼做笔记，甚至发现了他姐姐名字的拼写错误，要知道那个名字是非常复杂的。然后，东尼问他对什么东西感兴趣，他毫不犹豫地回答说“太空和恐龙”，所以，这两项便作为思维导图的主要分支被记下来了。然后东尼又问他喜欢太空什么呢。他说“行星”。随后又按顺序详细说出了行星的名字，表明他不仅比90%的人都了解太阳系，而且他脑子里对太空有一副很清晰的画面。当蒂米说到土星时，他停下来了，直接看着东尼的眼睛，说“L-U-H-V-L-E-Y……”

在讨论恐龙时，蒂米要了一支铅笔，很快画了一幅草图。东尼知道这样的草图绝不会没有意义，于是就让他解释草图。蒂米解释说，很明显，是梁龙和霸王龙：爸爸、妈妈和小孩。蒂米的脑子和其他优秀大学生一样聪明，他的问题在自己的所想与肢体表达之间。

他要求给自己做一幅思维导图。于是，另画了一幅“草图”（见图21-3），并解释道，橙色代表他的身体，他为此高兴；顶部的黑色波形曲线代表他的大脑，他也为此高兴；黄色波形曲线代表他身体不能运作的部分，他为此而难过。他停了一会儿，最后，给思维导图的底端画上了一条黑色波形曲线，他说那代表他准备如何运用大脑让身体更好地运作。

在这个案例以及其他许多类似的案例中，思维导图为“学习障碍”

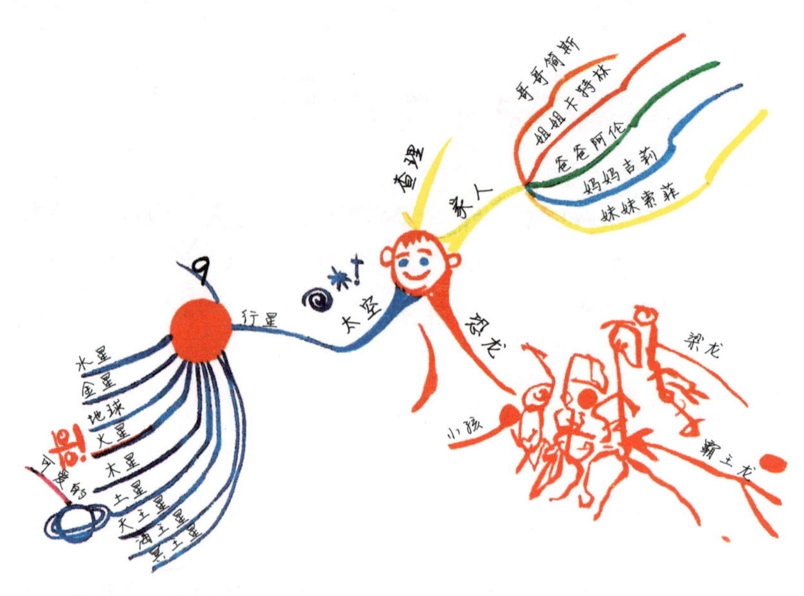

图 21-3 蒂米在东尼的帮助下绘制的思维导图，展示了“学习障碍”人群所具有的能力和知识。

人群解除了语言限制。语言限制会增加真正有障碍人群的障碍，甚至给本身没有障碍的人群制造一个障碍。

这场学习的革命和学习欲望已经在国际思维节中不断得到了的实现。我与雷蒙德·基恩一起于1995年发起了国际思维节，想把人们召集起来，互相比拼记忆力、创造力、IQ以及速读之类的大脑技巧。首届活动吸引了来自50个国家的3 000多名选手，从那之后的四届活动则有至少74个国家的30 000多名选手参加。除此之外，我们也组织单独的记忆力及国际象棋世锦赛，这些比赛与国际思维节一起把大脑知识推向了惊人的新高潮和新高度。

这种提高思维、释放大脑潜能的动力同样也出现在一个信息爆炸的时代。不管是纸质还是电子版本，我们的大脑每天都要处理不计其数的数据。在我们挣扎着想要将这些信息组合成有意义、可加工的类别时，仍然有一个问题，那就是我们究竟要怎样处理这些信息呢？如何加工它，让它为我们服务呢？答案就在，而且永远在，我们每个人的身上，而且现在比任何时候都该培养和发展我们最重要的资产，大脑。

一些国家政府也已经注意到这一点，决定将发展智力作为国家的一项主要任务。仅举几例：新加坡已经开始致力于大脑知识的教育普及，并为自己创立了格言：“思考的校园、智慧的民族。”马来西亚首相和政府已经启动了一项“大脑革命”倡议，倡议表示到2020年，要让每个孩子熟练运用所有“大脑技能”。墨西哥前总统文森特·福克斯曾在联合国创造力与创新力年会上向15 000名代表宣布21世纪将正式被冠以“发展智力、创造力和创新力”的世纪。

21.5 个人大脑能力开发

在我们过去的“大脑知识文盲状态”中，个人的大脑能力被囚禁在相对较小的概念框架里，连最基本的大脑能力开发工具都没有使用到，而用这些工具是可以扩大这个概念框架的。哪怕是传统意义上一些受过良好教育的文化人，也受到了相当大的局限，他们仅能利用可用的极小部分的生理和意识概念上的思维工具（见图21-4）。

21.5.1 认识放大

知晓大脑能力的人类可以运行发散性的协同思维，并创造出概念性的框架结构及全新的体现无限可能的样例。图21-4显示了无知大脑、线性思维大脑和发散性思维大脑各自的“思维屏幕”。可以看出，这最后一道屏幕，根据驱动它的智力机械原理的本质，其大小和维度会无限地增长下去。这就是发散性思维自动的自我加强反馈环，它允许大脑存在巨大的智力自由，会反映每个人大脑里天生的能力——那是一座大得吓人的能量站，它紧凑、高效而且美丽，它有着巨大的潜力和无限的前景。

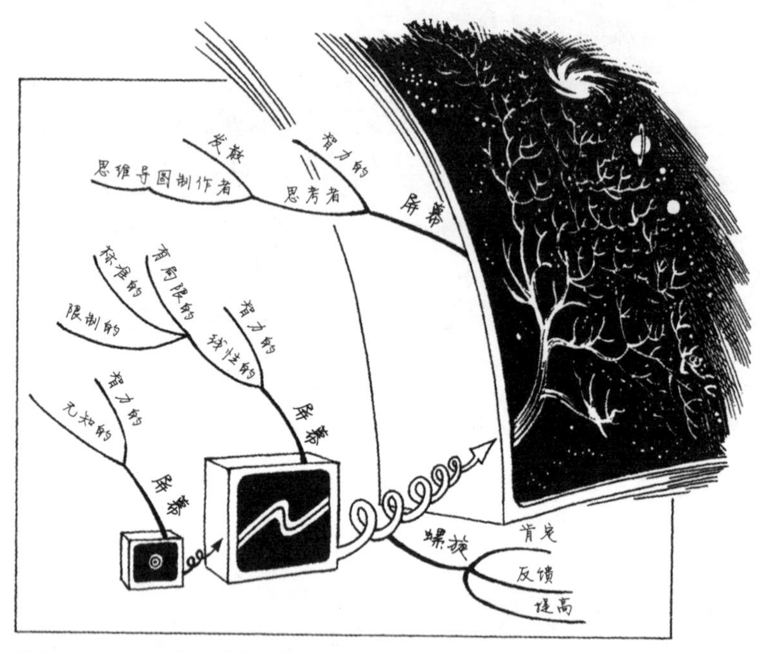

图 21-4 无知大脑、线性思维大脑和发散性思维大脑各自的“思维屏幕”大小。发散性思维人群的自动加强反馈环可以将屏幕扩展到无限大。

把发散性思维原则应用到大脑里，可以让你在作决定、记忆和创造性思维这些主要的智力活动当中更加游刃有余。懂得了思维的结构，不仅可以让你利用有意识的思维过程，还可以利用你的无意识来决定和决策——广袤无垠的大陆、行星、银河系和思维宇宙都等待着那些通晓大脑知识的人来探索。

通晓大脑知识的人还能够看到记忆和创造性思维威力无穷的能量站，它们本质上是一些相同的思维方法，只是在时间中占据着不同位置。记忆是过去在现在的重新创造。创造力是类似的精神结构在现在对于将来的投影。通过使用思维导图而有意识地开发记忆或者创造力，可以自动增加两者的力量。

个人开发大脑能力最为有效的方法，就是要放大思维的屏幕，要根据发散性思维原则来运作。这些指导原则是开发类似“杰出头脑”们使用过的一些思维技巧的培训基地。事实上，被誉为所有大脑思维能力最全面的使用者的达·芬奇早就设计好了一个利于全能发展的四项原则，用来开发可以完美地反映这些指导原则的全能大脑。

达·芬奇关于开发完全思维的四项原则：

1. 学习艺术的科学。
2. 学习科学的艺术。
3. 开发自己的感觉——特别是学习如何观察。
4. 意识到世间万事万物都是彼此相关联的。

按照现代思维导图的术语来说，达·芬奇要对大家说的话无非就是：

开发你所有的皮层技能，开发大脑全部的接受机制，而且认识到，大脑是协同工作的，在一个发散性的宇宙里，它是一个无限的和发散性的联想机器。

把思维导图指导原则应用到达·芬奇的法则里面去，大脑就可以开发自身独特的个性表达，去探索到目前为止尚未料想到的领域。如皮奥特尔·阿诺欣（Petr Anokhin）教授所言：

没有一个人，也从未有这样一个人，曾经深远地探索过大脑的全部潜能。因此，我们不能接受对人脑潜能的任何限制——它是无限的！

21.5.2 社会大脑能力开发

图21–5是由阿拉伯哲学家及思想家哈马德（Sheikh Hamad）制作的，他为形成一个通晓大脑知识的社会作出了计划。

这张图显示了泛语言的性质，覆盖教育、经济及政治这些稳定的根基，也包括其他一些主要因素，如农业、服务、操作机制、工业、通信以及营销。

图的右边强调了“信息技术”，因为它逐渐成为社会沟通和贸易的重要方式。图的左边是“教育”分支，有两只帽子和两只相对的眼睛。

正如哈马德所说：

这幅图强有力地展示了教育人士的需要。许多国家无法意识到它的重要性，因而忽略了这项重任。只有当修改能够应用到任何阶段中时，好的计划才能成功。因此，计划必须灵活而又多变，它必须具有生命力。

这幅思维导图非常有趣的一点是，在初期阶段，一个年轻的女服务员快速地看了一眼，之后，我们问她觉得自己看到了什么，她回答说：“这幅图是说怎样让世界变得更美好。”她看不懂阿拉伯文字，之前也不知道图的主题。这清楚而又生动地说明了思维导图作为一种基本交流工具的成功，以及研究大脑工作机制应用的重要性。

图 21-5 哈马德为开发人类大脑能力而做的计划梗概

21.5.3 家庭大脑能力开发

在一个大脑能力开发的家庭里，开发重点是在成长、交流、学习、创造和爱。在这个环境里，每一个家庭成员都意识到并且珍视这些神奇的、发散性的和复杂得无法描述的个人，他们是同一个家庭的另一些成员。

如约翰·拉德尔·普莱特（John Rader Platt）所言：

如果这种复杂性能够以某种方式转换成可见的光亮，使我们能更清楚地感觉到它的话，那么，与物理世界相比，生物世界将会变成一个光线穿行的世界；与玫瑰花丛相比，剧烈爆炸的太阳会逐渐褪色，变得苍白，不再耀眼；一条蚯蚓将变成一座灯塔；一条狗将变成一座光线之城；人类将会如万丈光芒般耀眼，他们思想的火花，会穿过物质世界的阴霾，相互传递。耀眼的光芒会让我们伤害彼此的眼睛。看着你那些稀有而又复杂的同伴罩以光环的头颅，难道不是这样吗？

是这样的。

随着人们对提高脑力的专注和需求的增加，思维导图的角色和重要性也在增加。我们已经看到思维导图模拟了漂亮、神奇、移动、不断搜索而又永恒的脑细胞，我们拥有无数脑细胞，而思维导图正是它的外在反映，是开启自身创造力、记忆力以及思维能力的关键。《思维导图》这本书是我送给你的礼物，它指导你如何实现这些，如何实现你最大的潜力。

在我开始梦想一个通晓大脑知识的世界时，我想给你留下一个真实的故事，故事是说像我一样的一群卓尔不凡的人相信这个梦正一步步地走向现实。

21.6 全世界最大的思维导图

如果不是有幸与新加坡的一个大型团队的合作，我永远也想象不出这幅世界上最大的思维导图，它有三层楼高、四层楼宽，它让发展全民知识的梦想逐渐真实化。

亨利·托伊（Henry Toi）和他的团队，包括萨劲昌（Thum Cheng Cheong）、潘鄂伟（Pang Ee Wei）、艾瑞克·钟（Eric Cheong）、爱德华·内森（Edward Nathan）、莫哈默德·莫巴拉克（Muhammad Mubarak）、谭竹玲（Tan Chew Ling）、谭宛靓（Tan Kwan Liang），以及新加坡管理学院（Singapore Institute of Management）共同努力完成，将画纸上的思维导图搬到了立体大展板上。

亨利是一位真正的天才，他克服了无数的“不可能”，让不可能变成了可能。一开始他告诉大家他要绘制世界上最伟大的思维导图时，人们都说他“疯了”。技术困难、监管法规、物流以及人力资源问题简直就是一个噩梦，可是他用自己的热情全部克服了这些问题。

思维导图不仅表现了人类大脑的伟大，也反映了由1 860名中小学生组成的巨型团队的成就，他们一起让梦想照进了现实。它还赞颂了新加坡42年的辉煌历史，这个国家已经运用大脑智慧成为地球上最受尊重、最先进的国家之一。

全世界最大的思维导图是如何创造出来的

1. 第一步是想出一个需要用思维导图表达的故事梗概。这一开始是由亨利·托伊构思出来的。

2. 然后故事由萨劲昌画出来，形成思维导图初稿。

3. 再将初稿发给组委会传阅，他们负责检查思维导图的相关性及信息的正确性，就相关内容作出一些调整。

4. 终稿交由新加坡StudioWorkz Productions的文森特 · 周，他负责把图画制成电子版。

5. 转换好的文件递送给Actaliz营销与沟通公司的丹尼斯 · 关，他负责把图片印制到大型帆布上。

6. 印制好的帆布随后被送往15所学校（崇辉小学、圣婴女子小学、崇文中学、康柏中学、云海中学、大智中学、海格女校、静山小学、裕廊景中学、国专长老会小学、义安小学、培华长老会小学、培新小学、孺廊小学、耘青中学）进行检查。

7. 学校学生为思维导图上色，然后再交给组委会，组委会检查完毕后，交回给丹尼斯缝制，然后再用维可牢（一种尼龙搭扣的商标名称）来固定。

8. 最后，再将每一块组装起来，做成全世界最大的思维导图。

从中央图像（新加坡国旗）生发出7个基本分类概念（从两点钟方向

图 21-6　全世界最大的思维导图——三层楼高、四层楼宽——帮助完成它的 1 860 位学生正站在导图前方瞻仰自己的作品。

起）："国家"（棕色分支）、"渊源"（蓝色分支）、"生活方式"（绿色分支）、"工业"（紫色分支）、"国民"（红色分支）、"愿望"（蓝色分支）以及"成就"（黄色分支）。K. C. 李，新加坡管理学院CEO，是这个项目的投资方之一，他表示：

我们很开心能够参与制作全世界最大的思维导图。新加坡的成功证明了智力资本的成功。在如今经济全球化的时代，智力资本不可否认地成为一国成功、终生学习的最关键因素，是所有人所要面对的全新事实。

思维导图描绘了新加坡的历史，歌颂了新加坡的成功以及大脑的能量和神奇。它提醒我们，即使资源有限，即使仅仅依靠大脑，也能够完成伟大的事情（见图21-7）。

21.7 发散性思维——发散性的未来

为了探讨各种可能性，有必要从渺茫太空暂时回到大脑皮层里面来，以便在这个充满经济衰败、环境污染和地球总体状态不容乐观的不幸报道中寻找普拉特的希望灯塔。如果我们希望完全理解我们目前的状况和对未来更现实的解释，有必要仔细查看最大限度影响我们未来种种可能性的单个因素。这个极为重要的因素并非总体的环境，也不是经济学或者心理学的理论，不是“人类基本的侵略性”，更不是“历史不可逆转之潮流”。最主要的，几乎是不容置疑的肯定因素，即《思维导图》的主题，就是在很大程度上记录、控制并引导着这个方程式的另一头的东西，即运作发散性思维的人脑。

在我们对这个复杂和神秘得不可理喻的器官不断加深理解的过程中，在我们对人类大家庭——即我们自己和其他会运作发散性思维的同类不断增多的理解当中，在我们对大千世界的内联性和相关性不断增多的理解当中，隐藏着我们对未来的希望。

事情可能就是这样的。

一定会是这样的！

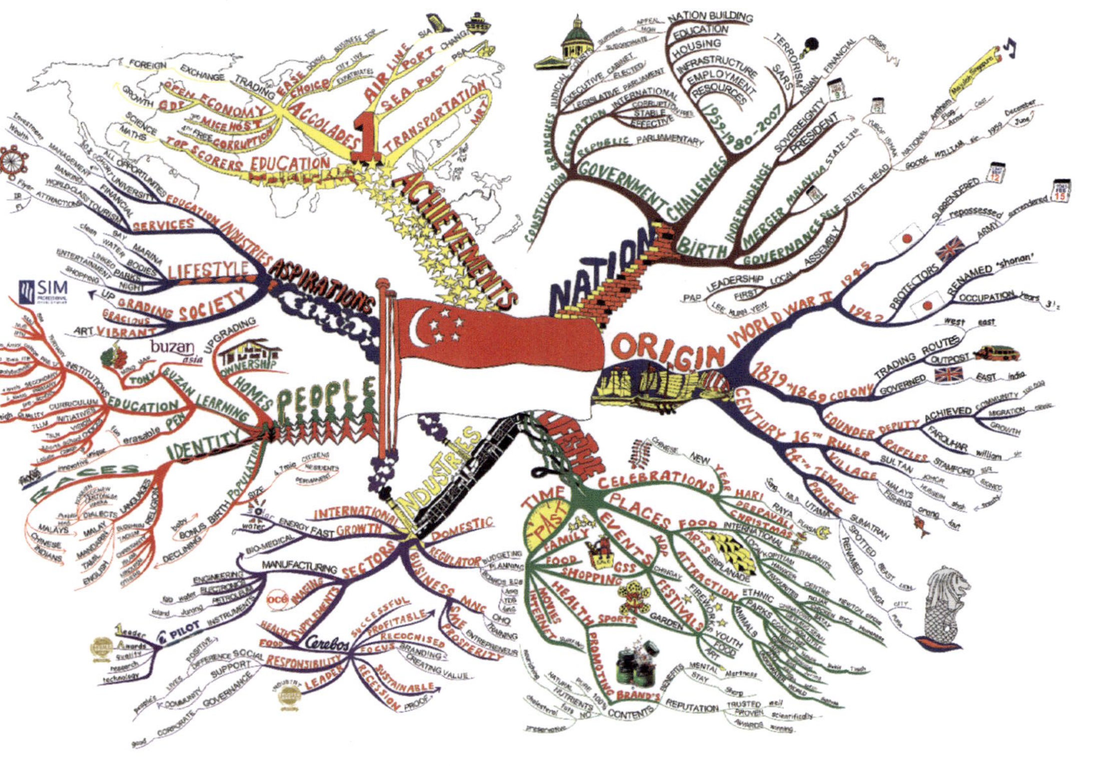

图 21-7 全世界最大的思维导图——庆祝新加坡

国际思维节

东尼·博赞“国际思维节”在线资源

“国际思维节”是记忆力、快速阅读、智商、创造力和思维导图这五项“思维运动”的全面展示。

第一届“国际思维节”于1995年在伦敦皇家阿尔伯特大厅举行，由东尼·博赞和大英帝国勋章获得者雷蒙德·基恩共同组织。自此之后，这一活动与“世界记忆锦标赛”一起在英国牛津举办过，在世界各地包括马来西亚、中国、巴林也都举办过。世界各地的人们对这5项思维运动的兴趣越来越浓厚，因此这一活动极具吸引力。2006年，东尼·博赞一次思维导图的专场活动再次让皇家阿尔伯特大厅现场爆满。

这5项思维运动的每一项都有各自的理事会，致力于促进、管理和认证各自领域内的成就。

世界记忆运动理事会中国区委员会与中国记忆锦标赛

世界记忆运动理事会中国区委员会（China Memory Sports Council）是由东尼·博赞和雷蒙德·基恩直接任命的世界记忆运动理事会（WMSC）在中国的代表，负责管理世界记忆锦标赛与中国记忆锦标赛

在中国的申办。

中国读者可以参加世界记忆运动理事会（WMSC）认证的官方培训，通过相关考试后可获得英国WMSC颁发的认证能力资格证书。请登录网址：

www.chinamemorysportscouncil.com

www.chinamemorychampionships.com

www.mastermemory.net

世界记忆运动理事会

世界记忆运动理事会是全球记忆运动的独立管理机构，管理世界各地的比赛和认证。东尼·博赞担任理事会主席。请访问其网站www.worldmemorysportscouncil.com。

世界记忆锦标赛

这是一项著名的国际性记忆比赛，其纪录不断被刷新。例如，在2007年的世界记忆锦标赛上，本·普理德摩尔（Ben Pridmore）在26.28秒内记住了一副被洗好的扑克牌，打破了之前由安迪·贝尔创立的31.16秒的世界纪录。很多年以来，在30秒钟之内记忆一副扑克牌被看作相当于体育比赛中打破4分钟跑完1英里的纪录。有关世界记忆锦标赛的详细信息，可在网站www.worldmemorychampionships.com中找到，其中还有思维导图世界冠军得主菲尔·钱伯斯用博赞的iMindMap软件设计的互动思维导图。

英国学校记忆锦标赛

从1991年创立之日起，世界记忆锦标赛就依据十大记忆原则为记忆建立了一个“黄金标准”。现在，我们在这些原则的基础上，建立了一个特别针对学校记忆比赛的简化版本，而且通过培训项目的支持来帮助学习者训练记忆的技巧。在由英国记忆运动理事会（UK Memory Sports Council）、启发教育（Inspire Education）和高目标（Aimhigher）组成的全国教育合作伙伴活动中，学生们学习强大的记忆技巧。这些技巧为他们提供了一个智力平台，可以让他们立即回忆起几乎所有的事情。他们把这些技巧通过英国学校记忆锦标赛传递给英国所有中学的老师和学生。

英国学校记忆锦标赛由“启发教育”主办，由世界记忆锦标赛八连冠得主多米尼克·奥布莱恩（Dominic O' Brien）和世界记忆锦标赛首席裁判菲尔·钱伯斯领衔。创立这项比赛的目的是帮助学生发现大脑的记忆运动，以及开发他们的智能，从而促进他们的学习。我们要在英国创立一个典范，以便能在全世界得到复制，最终目标是在2010年之后建立“世界学校记忆锦标赛”。详细信息，请访问www.schoolsmemorychampionships.com。

世界快速阅读理事会

世界快速阅读理事会创立的目的是在全世界范围内促进、培训和认证快速阅读领域内的成就。

除了培养在短时间之内理解大量文字内容的能力之外，快速阅读是五项“思维运动”的其中一项，可以通过比赛来练习。这一理事会的网站是www.worldspeedreadingcouncil.com。

世界思维导图理事会

思维导图是一种思维管理方法，由东尼·博赞于1971年发明。世界思维导图理事会致力于管理和促进这项运动，并且负责授予思维导图世界冠军的

荣誉头衔。目前这一世界冠军的得主是菲尔·钱伯斯。请访问理事会的网站www.worldmindmappingcouncil.com。

世界大脑俱乐部

无论是在学校还是在公司组织，世界大脑俱乐部提供的都是一个支持性的环境，会员们在这里有一个共同的目标：给他们的大脑一个最佳的操作系统。全球的博赞中心（Buzan Centres）在所有领域内提供资质深厚的培训师。请访问www.worldbrainclub.com。

大脑信托慈善协会

大脑信托慈善协会是一家注册的慈善机构，由东尼·博赞于1990年创立，其目标是：充分发挥每个人的能力，开启和调动每个人大脑的巨大潜能。其章程包括促进对思维过程的研究、思维机制的探索，体现在学习、理解、交流、解决问题、创造力和决策方面。2008年，苏珊·格林菲尔德（Susan Greenfield）荣获了“世纪大脑”的称号。请访问www.braintrust.org.uk。

大脑世界纪录国际学院

大脑世界纪录国际学院创立的目的是认可世界各地脑力选手的成就。除了裁决世界纪录和授予荣誉证书之外，学院还与“国际思维节”有联系。国际思维节主要展示五项思维运动的成就，包括记忆力、快速阅读、创造力、思维导图和智商。要了解更多详情，请登录网站www.mentalworldrecords.com。

世界创造力理事会

创造力测试资深专家E.保罗·托伦斯（E. Paul Torrance）对创造力的定义如下：

“创造力是这样一个过程：对问题、缺陷、知识空白、缺失元素、不和谐等变得敏感；认识困难；寻求解决方案；做出猜测或对缺陷形成假设；验证和再验证假设，以及修正和再验证假设；最终表达出结果。”

创造力是五项学习型思维运动的其中一项，其他四项是思维导图、快速阅读、智商和记忆力。

这些能力之间相互有着积极的影响，它们共同帮助一个人更有效地去完成他所选择的工作。这五项学习型思维运动是“国际思维节”所主要展示的活动。请访问www.worldcreativitycouncil.com了解更多详情。

世界智商理事会

请登录www.worldiqcouncil.com，访问世界智商理事会。你还可以在这个网站上测试你的智商。

博赞帮助你思考的思维导图软件

登录官方思维导图软件网站www.imindmap.com，东尼·博赞闻名世界的原创思维导图在此被复制与拓展，软件现为7.0版本。用台式计算机、笔记本电脑或甚至是iPhone及PDA反映出另一“终极电脑”——人类大脑所轻松绘制的真正思维导图中想象与联想的过程。

www.imindmap.com网站包含：

视频

文章

教程

思维导图技巧

思维导图软件模板

软件指南

图G　雷蒙德·基恩为东尼·博赞参选诺贝尔和平奖而制订相关策略时所画的思维导图

世界记忆冠军系列

世界记忆冠军教练的记忆魔法

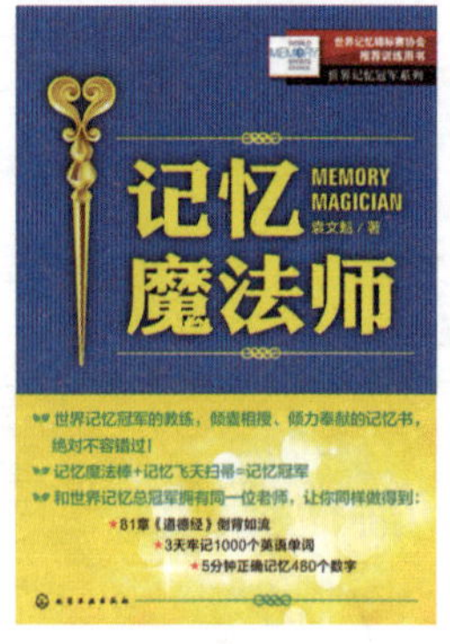

《记忆魔法师》

世界记忆总冠军卡斯滕的记忆秘笈

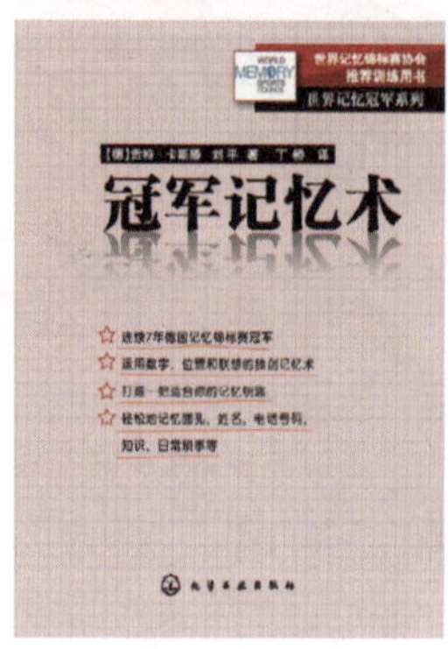

《冠军记忆术》

世界记忆总冠军王峰记忆法处女作

《记忆王子教你轻松记》

管理·励志好书推荐

激发世界 500 强企业正能量的员工手册

《鱼(畅销升级版)》

拿破仑·希尔基金会唯一授权中文版

《思考致富：拿破仑·希尔的365个成功习惯》

英国门萨最强大脑思维训练游戏

《头脑奥林匹克思维训练游戏》

更多精彩内容，请登录

www.witsbooks.com

China MEMORY Championships www.chinamemorychampionships.com